普通高等教育计算机类课改系列教材

C 语言程序设计

主　编　张惠涛　刘智国

副主编　赵晓玲　潘刚柱　邓玉娟

宋宇斐　李　慧

西安电子科技大学出版社

内 容 简 介

本书主要介绍了 C 语言基础知识，程序设计结构，数组，函数，指针，结构体、共用体和枚举类型以及文件等内容。全书内容简练，实例丰富，可为相关专业学生的深入学习奠定扎实的基础。

本书主要面向计算机专业新生，针对其零基础、刚入门的特点，加入了很多例题及程序运行结果显示，采用图文并茂、学练结合的模式，可达到让新生很快掌握 C 语言的目的。

本书可作为高等学校计算机、软件工程等相关专业的教材，也可作为 C 语言爱好者和相关工程技术人员的学习参考书。

图书在版编目(CIP)数据

C 语言程序设计 / 张惠涛，刘智国主编. —西安：西安电子科技大学出版社，2023.3
ISBN 978 - 7 - 5606 - 6812 - 3

Ⅰ. ①C… Ⅱ. ①张… ②刘… Ⅲ. ①C 语言—程序设计—高等学校—教材
Ⅳ. ①TP312.8

中国国家版本馆 CIP 数据核字(2023)第 028934 号

策　　划　刘小莉　　薛英英
责任编辑　刘小莉
出版发行　西安电子科技大学出版社(西安市太白南路 2 号)
电　　话　(029)88202421　88201467　　　邮　　编　710071
网　　址　www. xduph. com　　　　　　　电子邮箱　xdupfxb001@163. com
经　　销　新华书店
印刷单位　咸阳华盛印务有限责任公司
版　　次　2023 年 3 月第 1 版　2023 年 3 月第 1 次印刷
开　　本　787 毫米×1092 毫米　1/16　印张　12.5
字　　数　292 千字
印　　数　1～3000 册
定　　价　39.00 元
ISBN 978 - 7 - 5606 - 6812 - 3 / TP

XDUP 7114001 - 1

＊ ＊ ＊ 如有印装问题可调换 ＊ ＊ ＊

前　　言

C 语言的数据类型丰富，运算符多而灵活，程序结构性和可读性好。它既具有高级语言的特点，又具有汇编语言的功能，既能有效地运行算法描述，又能对硬件直接进行操作，故在实际程序设计中被广泛采用。

C 语言程序设计是计算机专业的核心基础课程，该课程的教学目标是使学生掌握 C 语言的顺序、选择、循环程序设计结构，数组和指针的使用，以及顺序存储和链式存储对应的结构体创建和程序设计的基本思想与方法，能够熟练地应用开发环境，具备一定的编程水平，在实际工程应用中正确运用程序设计的思路与方法，提高分析问题和解决问题的能力，为后续课程的学习奠定坚实的基础。

本书以程序设计为主线，共八章。第一章介绍了 C 语言的基本概念，C 语言的基本结构，C 语言的字符集、标识符与关键字以及 C 语言的开发环境。第二章介绍了 C 语言的数据类型、常量和变量、运算符与表达式以及数据类型转换。第三章介绍了 C 语言程序设计结构，包括顺序结构、选择结构、循环结构的特点和语法应用。第四章介绍了一维数组、二维数组以及字符数组的定义和使用。第五章介绍了函数的定义、调用，变量的作用域与存储方式，以及 C 语言编译预处理命令与应用。第六章介绍了指针的定义和运算，以及指针在数组、字符串和函数中的应用。第七章介绍了结构体、共用体和枚举类型。第八章介绍了 C 语言文件的基本概念及基本操作。

本书的编写由教学团队合作完成，团队人员包括张惠涛、刘智国、赵晓玲、潘刚柱、邓玉娟、宋宇斐、李慧等。本书内容由浅入深、通俗易懂，既有知识层面的提升，又从坚定理想、爱国情怀、文化自信、职业素养、团结协作、感恩诚信、合作共赢、科技创新等视角融入思政元素案例，旨在提升学生的整体素质。

在编写本书的过程中，编者参阅了大量其他同类教材及文献资料，在此对相关作者表示衷心的感谢。由于编者水平有限，书中不当之处在所难免，恳请读者批评指正。

编　者
2023 年 1 月

目　　录

第一章　C语言程序概述

　　本章介绍 C 语言的发展、特点和 C 语言的基本结构，并通过一个输出"Hello World!"的简单程序，介绍了 C 语言的程序结构及语法规则，最后详细介绍了 C 语言程序的开发环境——Dev C++。通过实践环节，让读者逐渐熟悉 C 语言的语法及运行过程，为后面章节的学习打好基础。

1.1　C 语言的发展及特点

1.1.1　C 语言的发展

　　C 语言是在 20 世纪 70 年代初问世的。1978 年，美国电话电报公司（AT&T）贝尔实验室正式发表了 C 语言。同时由 B. W. Kernighan 和 D. M. Ritchit 合著了著名的 *The C Programming Language* 一书。该书通常被简称为 *K&R*，也有人称之为 K&R 标准。但是，在 K&R 中并没有定义一个完整的标准 C 语言，后来由美国国家标准学会在此基础上制定了一个 C 语言标准，于 1983 年发表，通常称之为 ANSI C。C 语言由于其强大的功能和各方面的优点逐渐为大众所熟知，很快在各类大、中、小和微型计算机上得到了广泛的使用，成为当代优秀的程序设计语言之一。

　　在 C 语言的基础上，1983 年贝尔实验室的 Bjarne Strou-strup 又推出了 C++语言。C++语言进一步扩充和完善了 C 语言，成为一种面向对象的程序设计语言。C++语言提出了一些更为深入的概念，它所支持的面向对象的概念容易将问题空间直接映射到程序空间，为程序员提供了一种与传统结构程序设计不同的思维方式和编程方法，但同时也增加了整个语言的复杂性，掌握起来有一定难度。C 语言是 C++语言的基础，C++语言和 C 语言在很多方面是兼容的。因此，掌握了 C 语言，再进一步学习 C++语言时就能以一种熟悉的语法学习面向对象的语言，从而达到事半功倍的效果。

1.1.2　C 语言的特点

1. C 语言的基本特点

　　C 语言是一种结构化语言，它的特点是多方面的，一般可归纳如下：

　　（1）简洁紧凑、灵活方便。

　　C 语言一共只有 32 个关键字、9 种控制语句，程序书写自由，主要用小写字母表示。它把高级语言的基本结构和语句与低级语言的实用性结合起来。C 语言可以像汇编语言一样对位、字节和地址进行操作，而这三者是计算机最基本的工作单元。

（2）运算符丰富。

C 语言的运算符包含的范围很广泛，共有 34 个运算符。C 语言把括号、赋值、强制类型转换等都作为运算符处理，使得 C 语言的运算符类型极其丰富，表达式类型多样化，灵活使用各种运算符可以实现在其它高级语言中难以实现的运算。

（3）数据结构丰富。

C 语言的数据类型有整型、实型、字符型、数组类型、指针类型、结构体类型、共用体类型等，能用来实现各种复杂的数据类型的运算，并引入了指针的概念，使程序效率更高。另外，C 语言具有强大的图形功能，支持多种显示器和驱动器，且计算功能、逻辑判断功能强大。

（4）C 语言是结构式语言。

结构式语言的显著特点是代码及数据的分隔化，即程序的各个部分除了必要的信息交流外彼此独立。这种结构化方式可使程序层次清晰，便于使用、维护以及调试。

（5）C 语言的语法限制不太严格，程序设计自由度大。

一般的高级语言语法检查比较严格，能够检查出几乎所有的语法错误。而 C 语言允许程序编写者有较大的自由度。

（6）C 语言允许直接访问物理地址，可以直接对硬件进行操作。

C 语言同时兼具高级语言和低级语言的许多功能，能够像汇编语言一样对位、字节和地址进行操作，而这三者是计算机最基本的工作单元，可以用来编写系统软件。

（7）C 语言程序生成代码质量高，程序执行效率高。

C 语言一般只比汇编程序生成的目标代码效率低 $10\%\sim20\%$。

（8）C 语言适用范围大，可移植性好。

C 语言有一个突出的优点就是适合于多种操作系统，如 DOS、UNIX，也适用于多种机型。

2. C 语言的独特性

C 语言除一些基本特性外，还具有其它语言所不具备的独特性。

（1）C 语言是一个有结构化程序设计、具有变量作用域（variable scope）以及递归功能的过程式语言。

（2）C 语言函数中的参数既可以值传递（pass by value），也可以指针传递（a pointer passed by value），亦称为地址传递。

（3）不同的变量类型可以用结构体（struct）组合在一起。

（4）只有 32 个保留字（reserved keywords），使变量、函数命名有更多弹性。

（5）部分变量类型可以转换，如整型和字符型变量。

（6）通过指针（pointer），C 语言可以容易地对存储器进行低级控制。

（7）预编译处理（preprocessor）让 C 语言的编译更具有弹性。

3. C 语言的缺点

C 语言是一种优秀的计算机程序设计语言，但也存在一些缺点，了解这些缺点，才能够在实际使用中扬长避短。

（1）C语言程序的错误更隐蔽。C语言的灵活性使得用其编写程序时更容易出错，而且C语言的编译器无法检查这样的错误。与汇编语言类似，需要程序运行时才能发现这些逻辑错误。C语言还有一些隐患，需要程序员特别注意，如将比较的"＝＝"写成"＝"，语法上没有错误，但存在逻辑错误，而这样的逻辑错误不易被发现，寻找往往十分费时。

（2）C语言程序有时会难以理解。C语言语法成分相对简单，是一种小型语言。但是，其数据类型多，运算符丰富且结合性多样，使得对其理解有一定的难度。对于运算符和结合性，最常用到的是"先乘除，后加减，同级运算从左到右"，但是C语言远比这要复杂。为了减少字符输入，C语言比较简明，使用C语言甚至可以写出常人几乎无法理解的程序。

（3）C语言程序有时会难以修改。考虑到程序规模的大型化或者巨型化，现代编程语言通常会提供诸如"类"和"包"的语言特性，这样的特性可以将程序分解成更加易于管理的模块。然而C语言缺少这样的特性，维护大型程序显得比较困难。

1.2　C语言的基本结构

先通过一个简单的C语言程序示例，初步了解C语言程序的基本结构。

C语言程序一般由头文件、主函数和其它函数三部分组成。从最简单的程序"Hello World!"中就可以看到这个结构。该程序如下所示：

```c
#include <stdio.h>          /* 头文件 */
int main()                  /* 主函数，程序的入口函数 */
{
    /* 代码区 */
    printf("Hello World!");  /* printf 输出函数 */
    return 0;               /* 返回值为 0 */
}
```

程序的运行结果如图1.1所示。

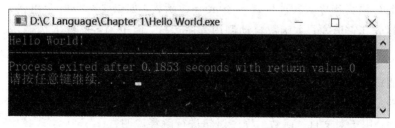

图 1.1　"Hello World!"程序运行结果

1. 头文件说明

在上面的程序中，

```c
#include <stdio.h>
```

称为头文件说明，包含所使用函数的声明。

（1）♯是预处理指令。

（2）include 是文件包含指令，用于引入对应的头文件或源文件。

xxx. h 表示头文件，xxx. c 表示源文件。

（3）＜＞，""：表示搜索头文件的一种方式。

＜　＞：库文件，指库函数所在的头文件，系统自带的头文件表示程序会在系统目录（软件安装的目录）中查找头文件。

""：适用于程序员自定义的头文件。

（4）stdio. h 是标准输入/输出的头文件，有关标准输入/输出函数的声明都在该文件中。

此外，还可以加入其它功能的头文件，例如 pow()表示求幂，sqrt()表示开方。

关于数学计算功能的头文件：♯ include ＜math. h＞。

关于字符串操作功能的头文件：♯ include ＜string. h＞。

关于输入/输出功能的头文件：♯ include ＜stdio. h＞。

注意：用到哪个函数，便需要包含该函数所在的头文件。

2. 主函数

在上面的程序中，

```
int main( )        / * main 函数 * /
{
    …
    return 0;
}
```

称为主函数，主函数一般也称为 main()函数，它是程序的入口。

int 指明 main()函数的返回值类型，表示函数的返回值类型是 int 型。函数名后面的括号一般包含传递给函数的信息，没有则表示为空。

C 语言程序执行过程中，主函数是程序的入口函数，即程序是从主函数开始执行的，而不是从第一个函数开始执行的；main()函数执行结束，意味着整体的 C 语言程序执行结束。对于一个 C 语言程序，有且只有一个 main()函数，如果是两个则会出错。main()形式固定，不能写成其它形式。主函数自动调用程序运行，而子函数必须人为调用。

3. 注释

（1）功能：解释说明，代码的调试。

（2）特性：被注释的代码不再进行编译，即使有语法错误，也不会检测出来。

（3）用法：用于对文件、函数、程序语句进行解释说明。

1.3　C 语言的字符集、标识符与关键字

1.3.1　C 语言的字符集

字符是构成 C 语言程序的最小单元，C 语言程序的基本字符集包括英文字母、阿拉伯

数字及其它一些符号。

(1) 英文字母：大写 26 个，小写 26 个。

(2) 阿拉伯数字：0～9 共 10 个。

(3) 下画线：_ 。

(4) 其它符号：主要指运算符。这些符号归纳如下：

```
+    -    *    /    %    ++    --    <    >    =    >=
<=   ==   !=   &    |    !     ||    &&   ^    ~    ()
[]   {}   ?    :    ,    ;
```

1.3.2　C 语言的标识符

标识符可以简单认为是一个名字，用来标识变量名、常量名、函数名及数组名等。变量名 a、b、c，符号常量名 PI、Pai，以及函数名 printf、scanf 等都是标识符。

在 C 语言中，标识符可以自定义，但是需要遵循一定的规则，具体如下：

(1) 标识符只能以英文大小写字母和下画线开头，而不能用其它任何字符或数字开头。例如，以下就是错误的例子：

```
int %a;          /* 错误，标识符不能以符号开头 */
int 8C[8];       /* 错误，标识符不能以数字开头 */
```

(2) 标识符中只能包含英文大小写字母、下画线和阿拉伯数字，但是不能以阿拉伯数字开头。例如：

```
int a8;          /* 正确 */
int _adf589S_5;  /* 正确 */
```

(3) 标识符区分大小写，Acd 和 acd、caDd 和 cadd、_8Fc9 和 8fc9 都是不相同的标识符。

(4) 标识符不能是关键字。例如：

```
int float;       /* 错误，float 是关键字 */
int Float;       /* 正确 */
```

除了这些硬性规则外，标识符的命名最好具有具体的意义，以便于观察、阅读和维护。

例如，定义某长方体的长度、宽度和高度的程序如下：

```
int a;           /* 长度 */
int b;           /* 宽度 */
int c;           /* 高度 */
```

可以改成如下定义以便于更好地理解：

```
int a_Long;
int b_Width;
int c_Height;
```

1.3.3　C 语言的关键字

C 语言共有 32 个关键字，是由 C 语言规定的具有特定意义的字符串。C 语言的关键字及其作用如表 1.1 所示。

表 1.1 C 语言的关键字及其作用

关键字	关键字的作用
auto	声明自动变量，一般不使用，因为变量默认就是自动类型
break	跳出当前循环
case	开关语句分支，一般与 switch 搭配使用
char	声明字符型变量或函数
const	声明只读变量
continue	结束当前循环，开始下一轮循环，不执行 continue 后面的语句，调到循环条件判断处重新判断是否开始下一次循环
default	开关语句中的"其它"分支
do	循环语句的循环体，do-while 循环，至少执行一次
double	声明双精度变量或函数
else	条件语句否定分支(可与 if 连用)
enum	声明枚举类型
extern	声明变量在其它文件声明时，可以改变变量的链接属性
float	声明单精度浮点型变量或函数
for	循环当中的一种语句
goto	无条件跳语句
int	声明整型变量或函数
if	条件语句，常与 else 连用
long	声明长整型变量或函数
register	声明寄存器变量，编译器可忽略该请求
return	子程序返回语句(可以带参数，也可以不带参数)
short	声明短整型变量或函数
signed	声明有符号类型变量或函数
sizeof	计算数据类型长度
static	声明静态变量，可用于改变变量的链接属性，但只适用于默认属性为 external 的变量
struct	声明结构体变量或函数
switch	用于开关语句，常与 case 语句连用
typedef	用以给数据类型取别名(当然还有其它作用)

续表

关键字	关键字的作用
union	声明联合数据类型，联合体成员共用同一块内存，联合体大小为最大成员所占内存大小
unsigned	声明无符号类型变量或函数
void	声明函数无返回值或无参数，声明无类型指针
volatile	说明变量在程序执行中可被隐含地改变
while	循环语句的循环条件

1.4　C语言程序的开发环境

编写好的 C 语言程序要经过编辑→编译→连接→执行的开发过程。

（1）编辑是在程序编译之前做的准备工作，主要包括头文件的包含（include）、宏定义（define，替换）和条件编译（ifdef, ifndef），这些操作可将源文件通过编辑生成预处理文件（＊.c 或 ＊.cpp）。

（2）编译：将编辑过后的文件编译生成目标文件（＊.obj）。

（3）连接：将目标文件通过连接生成可执行文件（＊.exe）。

（4）执行：运行可执行文件。

目前，程序员大多使用集成开发工具来开发 C 语言程序，常用的有 Turbo C、Visual C++、Dev C++等，它们各具特色，本书采用 Dev C++ 开发环境。

下面介绍如何通过 Dev C++编写和运行一个程序，具体的程序代码如下所示。

```
#include <stdio.h>          /*头文件*/
int main(void)              /*主函数，程序的入口函数*/
{
    /* 代码区 */
    printf("Hello World!");   /* printf 输出函数 */
    return 0;                 /*返回 0*/
}
```

Dev C++ 支持单个源文件的编译，如果程序只有一个源文件（初学者基本都是在单个源文件下编写代码），那么不用创建项目，直接运行就可以；如果有多个源文件，则需要创建项目。

1. 新建源文件

打开 Dev C++，在上方菜单栏中选择"文件"→"新建"→"源代码"，可以新建源文件，如图 1.2 所示。

按下 Ctrl＋N 组合键，也会新建一个空白的源文件，如图 1.3 所示。

可以通过设置缺省值，直接生成固定的程序框架。

选择"工具"→"编辑器选项"→"代码"→"缺省值"，可以设置缺省值，如图 1.4 所示。

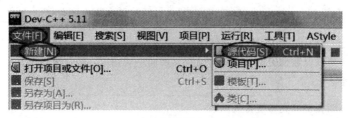

图 1.2　新建源文件

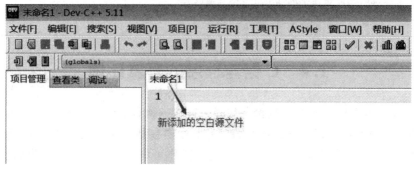

图 1.3　通过命令新建空白源文件

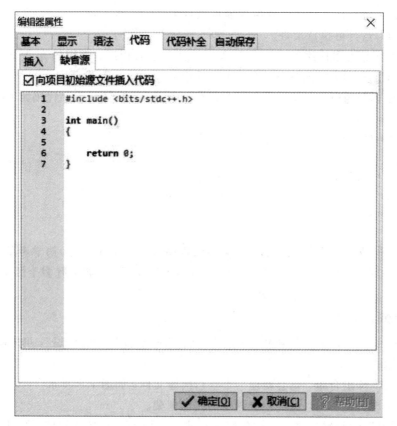

图 1.4　设置缺省值

在图 1.4 中，♯include ＜bits/stdc＋＋.h＞ 为万能头文件，包含了常用的输入/输出头文件♯include ＜stdio.h＞、数学计算头文件♯include ＜math.h＞、字符串头文件♯include ＜string.h＞等。

经过上述设置后，新建文件窗口如图 1.5 所示。

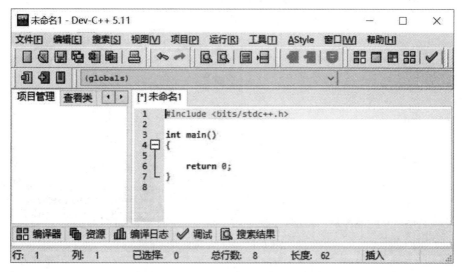

图 1.5　加入缺省值后新建的源文件

在空白文件中输入要执行的代码，如图 1.6 所示。

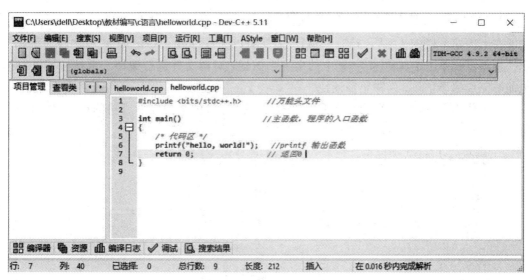

图 1.6　简单程序文件

图 1.6 中代码后的注释内容不影响程序的执行结果。

在上方菜单栏中选择"文件"→"保存"，或者按下 Ctrl＋S 组合键，可以保存源文件，如图 1.7 所示。

注意源文件的后缀通常为 ∗.c 和 ∗.cpp 格式。

图 1.7 保存源文件

C++语言是在 C 语言的基础上进行的扩展，C++语言已经包含了 C 语言的全部内容，所以大部分 IDE 默认创建的是 C++文件。编译器会根据源文件的后缀来判断代码的种类，这里选择 *.cpp，将源文件命名为"helloworld.cpp"。

2. 生成可执行程序

在上方菜单栏中选择"运行"→"编译"，就可以完成"helloworld.cpp"源文件的编译工作。或者直接单击工具栏 中的第一个图标，对源文件进行编译。直接按下 F9 键，也能够完成编译工作，这样更加便捷。

如果代码没有错误，则会在下方的"编译日志"窗口中看到编译成功的提示，如图 1.8 所示。

```
编译结果...
---------
- 错误: 0
- 警告: 0
- 输出文件名: C:\Users\dell\Desktop\教材编写\c语言\helloworld.exe
- 输出大小: 127.931640625 KiB
- 编译时间: 1.20s
```

图 1.8 编译结果

编译完成后，源文件所在的目录中多了一个名为"helloworld.exe"的文件，这就是最终生成的可执行文件。

之所以没有看到目标文件，是因为 Dev C++ 将编译和链接这两个步骤合二为一了，将它们统称为"编译"，并且在链接完成后删除了目标文件，所以此处看不到目标文件。

单击工具栏 中的第二个图标，运行该程序，运行结果如图 1.9 所示。

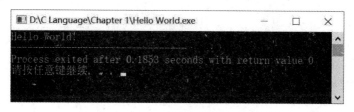

图 1.9 程序运行结果显示

3. 快捷方式

实际开发中一般使用菜单中的"编译"→"编译运行"选项，或者直接单击工具栏 中的第三个图标。

也可以直接按下 F11 键，这样能够一键完成"编译"→"链接"→"运行"的全过程，不用 再到文件夹中寻找可执行程序再运行，运行结果与图 1.9 所示一致。

以上即为程序的执行过程，虽然这个程序非常简单，但是通过讲解，读者已熟悉如何 编写代码、如何将代码生成可执行程序等，这是一个完整的体验。

1.5 实 践 环 节

【例 1.1】 使用 printf() 与 %d 格式化输出整数。

```c
#include <stdio.h>
int main()
{
    int number;
    printf("输入一个整数：");
    scanf("%d", &number);            /* 通过键盘给程序中的变量赋值 */
    printf("你输入的整数是：%d\n", number);
    return 0;
}
```

程序运行结果如图 1.10 所示。

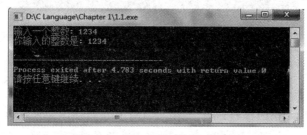

图 1.10 输出整数案例运行结果

【例 1.2】 使用 printf() 与 %c 格式化输出一个字符。

```c
#include <stdio.h>
int main()
```

```
{
    char c;                          /* 声明 个字符串变量 C */
    printf("输入一个字符(仅限 1 个字母)：");
    scanf("%c", &c);                 /* 通过键盘给程序中的变量赋值 */
    printf("输入的字符为 %c\n", c);
    return 0;
}
```

程序运行结果如图 1.11 所示。

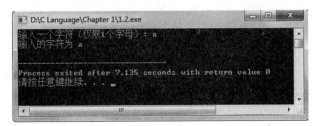

图 1.11　输出字符案例运行结果

【例 1.3】　使用 printf()与 %f 输出浮点数。

```
#include <stdio.h>
int main()
{
    float f;                         /* 声明浮点数变量 */
    printf("输入一个浮点数：");
    scanf("%f", &f);                 /* 通过键盘给程序中的变量赋值 */
    printf("输入的浮点数为 %f\n", f);
    return 0;
}
```

程序运行结果如图 1.12 所示。

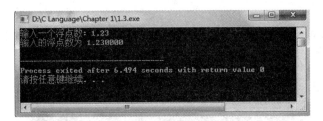

图 1.12　输出浮点数案例运行结果

【例 1.4】　使用 scanf()接收输入，printf()与 %d 格式化输出整数，实现两个数相加。

```
#include <stdio.h>
int main()
{
    int firstNumber, secondNumber, sumOfTwoNumbers;
    printf("输入两个数(以空格分割)：");
    scanf("%d %d", &firstNumber, &secondNumber);
```

```
/* 通过 scanf() 函数接收用户输入的两个整数 */
sumOfTwoNumbers = firstNumber + secondNumber;
printf("%d + %d = %d\n", firstNumber, secondNumber, sumOfTwoNumbers);
return 0;
}
```

程序运行结果如图 1.13 所示。

图 1.13　输出两个数相加案例运行结果

【例 1.5】　输入两个浮点数，计算乘积。

```
#include <stdio.h>
int main()
{
    double firstNumber, secondNumber, product;
    printf("输入两个浮点数：");
    scanf("%lf %lf", &firstNumber, &secondNumber);
    product = firstNumber * secondNumber;
    printf("%lf * %lf = %.2lf\n", firstNumber, secondNumber, product);
            /* 输出结果，%.2lf 保留两个小数点 */
    return 0;
}
```

程序运行结果如图 1.14 所示。

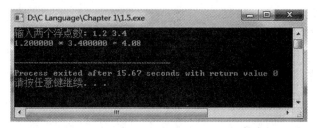

图 1.14　输出两个浮点数相乘案例运行结果

【例 1.6】　两个数相除，如果有余数，则输出余数。

```
#include <stdio.h>
int main()
{
    int dividend, divisor, quotient, remainder;/* 4 个变量分别是被除数、除数、商和余数 */
    printf("输入被除数：");
```

```
        scanf("%d", &dividend);
        printf("输入除数：");
        scanf("%d", &divisor);
        quotient = dividend / divisor;              /* 运算符/用来计算商 */
        remainder = dividend % divisor;             /* 运算符%用来计算余数 */
        printf("商 = %d\n", quotient);
        printf("余数 = %d\n", remainder);
        return 0；
    }
```

程序运行结果如图 1.15 所示。

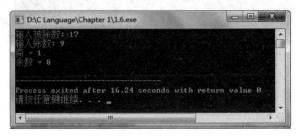

图 1.15　输出两个数相除案例运行结果

【例 1.7】　输入两个数，比较大小。

```
    # include <stdio. h>
    int main()
    {
        double a，b；
        printf("输入第一个数：");
        scanf("%le",&a)；
        printf("输入第二个数：");
        scanf("%le",&b)；
        if(a > b)
            printf("%le 大于 %le\n",a,b);
        else
            printf("%le 小于等于 %le\n",a,b);
        return 0；
    }
```

程序运行结果如图 1.16 所示。

图 1.16　输出两个数比较大小案例运行结果

【**例 1.8**】　比较三个数的大小。

```
#include <stdio.h>
int main()
{
    int a, b, c;
    printf("输入第一个整数:");
    scanf("%d",&a);
    printf("输入第二个整数:");
    scanf("%d",&b);
    printf("输入第三个整数:");
    scanf("%d",&c);
    if ( a > b && a > c )
        printf("%d 最大\n", a);
    else if ( b > a && b > c )
        printf("%d 最大\n", b);
    else if ( c > a && c > b )
        printf("%d 最大\n", c);
    else
        printf("有两个或三个数值相等\n");
    return 0;
}
```

程序运行结果如图 1.17 所示。

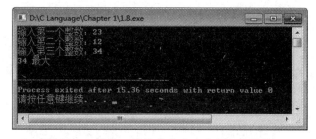

图 1.17　输出三个数比较大小案例运行结果

【**例 1.9**】　判断奇数或偶数。

```
#include <stdio.h>
int main()
{
    int number;
    printf("请输入一个整数：");
    scanf("%d", &number);
    if(number % 2 == 0)
        printf("%d 是偶数\n", number);
    else
        printf("%d 是奇数\n", number);
```

```
    return 0；
  }
```
程序运行结果如图 1.18 所示。

图 1.18　输出判断奇数或偶数案例运行结果

【例 1.10】　判断正数或是负数。

```
# include <stdio. h>
int main()
{
    double number；
    printf("输入一个数字：")；
    scanf("%lf", &number)；
    if (number <= 0.0)
    {
        if (number == 0.0)
            printf("你输入的是 0\n")；
        else
            printf("你输入的是负数\n")；
    }
    else
        printf("你输入的是正数\n")；
    return 0；
}
```
程序运行结果如图 1.19 所示。

图 1.19　输出判断正数或是负数案例运行结果

拓展阅读1

【**例 1.11**】　毛泽东诗词以革命浪漫主义的精神，充分抒发了共产党人崇高的理想主义情怀，以《长征》为内容编写程序并输出。

```
＃include "bits/stdc＋＋.h"
int main()
{
    printf("红军不怕远征难，万水千山只等闲。\n");
    printf("五岭逶迤腾细浪，乌蒙磅礴走泥丸。\n");
    printf("金沙水拍云崖暖，大渡桥横铁索寒。\n");
    printf("更喜岷山千里雪，三军过后尽开颜。\n");
    return 0;
}
```

程序运行结果如图 1.20 所示。

图 1.20　输出《长征》运行结果

本 章 小 结

本章介绍了 C 语言的发展和特点，基本结构，字符集、标识符与关键字，着重介绍了本书采用的程序开发环境 Dev C＋＋，给出了一些简单例题，可使读者在熟悉开发环境的同时也能掌握 C 语言算法的编写习惯。

习　　题

选择题

1. C 语言程序的执行是从（　　）。
   A. 本程序的 main 函数开始，到 main 函数结束
   B. 本程序文件的第一个函数开始，到本程序文件的最后一个函数结束
   C. 本程序的 main 函数开始，到本程序文件的最后一个函数结束
   D. 本程序文件的第一个函数开始，到本程序 main 函数结束

2. 在 C 语言中，每个语句必须以（　　）结束。
   A. 回车符　　　　　　B. 冒号　　　　　　C. 逗号　　　　　　D. 分号

3. C 语言规定：在一个源程序中，main 函数的位置（　　）。
   A. 必须在最开始　　　　　　B. 必须在系统调用的库函数的后面

C. 可以任意　　　　　　　　D. 必须在最后

4. 以下叙述正确的是(　　　)。

A. 系统默认的 C 语言源程序文件的扩展名是 .obj

B. 在 C 语言程序的每一行只能写一条语句

C. C 语言本身没有输入/输出语句

D. 在对一个 C 语言程序进行编译的过程中,可发现注释中的拼写错误

第二章　C语言数据类型、运算符与表达式

  C语言程序设计涉及了两个基本问题，一个是数据的定义，一个是数据的处理。在数据定义的过程中涉及了数据的类型，如字符型数据类型、数值型数据类型等，后面的章节还会涉及数组类型、结构体类型、指针类型等。而数据类型按照其取值又分为不可改变的数据类型和可改变的数据类型，称为常量和变量。对数据的处理过程又涉及了运算符和表达式，如两组字符数据的连接、两组数值数据的加减等。运算符是运算的符号，表达式是用于计算的公式，由运算符、操作数和括号组成。C语言中丰富的运算符和表达式构成了完善的C语言功能，这也是C语言的主要特点之一。

2.1　C语言的数据类型

2.1.1　C语言数据类型概述

  在C语言中，数据是程序的必要组成部分，是程序处理的对象。现实中的数据是有类型差异的，如姓名由一串字符组成，年龄是数字符号组成的整数，而身高则包含了整数和小数两部分。C语言为不同类型的数据使用了不同的存储格式，占用内存单元的字节数也不同。

  C语言有丰富的数据类型，如表2.1所示。

表 2.1　数据类型汇总表

基本类型					构造类型		指针类型	空类型
字符型	整型	实型		枚举类型	数组类型	结构体类型、共用体类型		
		单精度	双精度					

2.1.2　整数类型

1. 整型数据的分类

1) 基本整型(int 型)

  编译系统分配给 int 型数据 2 个字节或 4 个字节(由具体的 C 语言编译系统自行决定)。例如，Turbo C 2.0 为每一个整型数据分配 2 个字节，而 Visual C++为每一个整型数据分配 4 个字节。如果给整型变量分配 2 个字节，则存储单元中能存放的最大值为 0111111111111111，即十进制数 32 767，最小值为 −32 768，因此一个整型变量的值的范围是 −32 768～32 767。超过此范围，就会出现数值的"溢出"，输出的结果显然不正确。

Dev C++给整型变量分配 4 个字节，其能表述的数值范围为 $-2^{31} \sim 2^{31}-1$。

2）短整型（short int 型）

短整型的类型名为 short 或 short int。如用 Dev C++，编译系统分配给 int 数据 4 个字节，分配给短整型 2 个字节。

3）长整型（long int 型）

长整型的类型名为 long int 或 long。如用 Dev C++，一个 long 型变量的值的范围为 $-2^{31} \sim 2^{31}-1$。

2. 整型变量的符号属性

对于以上介绍的几种类型，其变量值在存储单元中都是以补码形式存储的，存储单元中的第 1 个二进制代表符号。表 2.2 是整型数据常见的存储空间和值的范围。

表 2.2　整型数据常见的存储空间和值的范围

类　型	字 节 数	取值范围
int（基本整型）	4	$-2^{31} \sim 2^{31}-1$
unsigned int	4	$0 \sim 2^{32}-1$
short（短整型）	2	$-2^{15} \sim 2^{15}-1$
unsigned short	2	$0 \sim 2^{16}-1$
long（长整型）	4	$-2^{31} \sim 2^{31}-1$
unsigned long	4	$0 \sim 2^{32}-1$

2.1.3　实数类型

浮点型数据可用来表示具有小数点的实数。为什么在 C 语言中把实数称为浮点数呢？在 C 语言中，实数是以指数形式存放在存储单元中的。实数表示为指数的形式不止一种，在指数形式的多种表示方式中，把小数部分中小数点前的数字为 0、小数点后第 1 位数字不为 0 的表示形式称为规范化的指数形式，如 0.314159×10^1 就是 3.14159 的规范化的指数形式。一个实数只有一个规范化的指数形式，在程序以指数形式输出一个实数时，必然以规范化的指数形式输出，如 0.314159e001。

浮点数类型包括 float（单精度浮点型）、double（双精度浮点型）和 long double（长双精度浮点型）。浮点型数据的有关情况如表 2.3 所示。

表 2.3　浮点型数据的有关情况

类　型	字节数	有效数字	数值范围（绝对值）
float	4	6	0 以及 $1.2 \times 10^{-38} \sim 3.4 \times 10^{38}$
double	8	15	0 以及 $2.3 \times 10^{-308} \sim 1.7 \times 10^{308}$
long double	16	19	0 以及 $3.4 \times 10^{-4932} \sim 1.1 \times 10^{4932}$

2.1.4　字符类型

由于字符是按其 ASCII 码（整数）形式存储的，因此 C 语言把字符型数据作为整数类型的一种。但是，字符型数据在使用上有自己的特点。

1. 字符与字符存储

程序并不能识别所有任意书写的字符与字符代码。例如，圆周率 π 在程序中是不能被识别的，只能使用系统字符集中的字符。各种字符集的基本集包括 127 个字符，具体为：

（1）字母：大写英文字母 A~Z，小写英文字母 a~z。

（2）数字：0~9。

（3）专门符号：共 28 个，分别为!、:、"、#、&、(、)、'、*、+、−、·、/、;、<、=、>、[、\、]、{、}、^、?、|、~、,、_。

（4）空格符：包括空格、水平制表符、垂直制表符、换行、换页。

（5）不能显示的字符：包括空(null)字符、警告(以 '\a' 表示)、退格(以 '\b' 表示)、回车(以 '\r' 表示)等。

字符 '1' 和整数 1 是不同的概念，字符 '1' 只是代表一个形状为 '1' 的符号，在需要时按原样输出，在内存中以 ASCII 码形式存储，占 1 个字节；而整数 1 是以整数存储方式(二进制补码方式)存储的，占 2 个或 4 个字节。整数运算 1+1 等于整数 2，而字符 '1'+'1' 并不等于整数 2 或字符 '2'。

2. 字符变量

字符变量一般由类型符 char 定义。例如：

```
char  c='?';
```

语句中定义 c 为字符型变量，并使初值为字符 '?'。'?' 的 ASCII 码是 63，系统把整数 63 赋给变量 c。

注意：'a' 和 "a" 是不同的，一个是字符量 'a'，一个是字符串量 "a"。字符串不能用于赋值，而字符可以用于赋值。因此，c="a" 不正确，而 c='a' 才正确。字符和字符串的内容后面章节有详细讲解。

c 是字符变量，实质上是一个字节的整型变量，由于它常用来存放字符，所以称为字符变量。可以把 0~127 的整数赋给一个字符变量。

3. 转义字符

常用的转义字符形式及其功能如表 2.4 所示。

表 2.4　常用转义字符表

字符形式	功　　能
\n	换行
\t	横向跳格(跳到下一个输出区)
\v	竖向退格
\b	退格
\r	回车
\f	走纸换页
\\	反斜杠字符
\'	单引号字符

2.2　常量和变量

2.2.1　常量

在程序执行过程中，其值不能被改变的量称为常量，C 语言最常用的常量包括整型常量、实型常量、字符常量、字符串常量和符号常量。

1. 整型常量

整型常量即整数。C 语言不支持二进制形式，有十进制、八进制和十六进制 3 种表示形式。

（1）十进制整数：如正整数 123、负整数 -467 和 0。

（2）八进制整数：以数字"0"开头，后面是由 $0\sim7$ 共 8 个数字组成的数字串。例如：010、024 等都是合法的表示形式，0124 转化成十进制数为 $1*8^2+2*8^1+4*8^0=84$；负数在前面加负号即可，例如 -010；095 则为不合法的整型常量。

（3）十六进制整数：以数字"0"和字母"x"开头，后面是由数字 $0\sim9$ 和字母 $A\sim F$（字母不区分大小写）组成的。例如，0x13、0x1CB0 等都是合法的表示形式，0xCB0 转化成十进制数为 $12*16^2+11*16^1+0*16^0=3248$；负数在前面加负号即可；0xG1 则为不合法的整型常量。

2. 实型常量

实型常量即实数，有小数形式和指数形式两种表示方法。

（1）小数形式。由数字和小数点组成，直观易读，如 0.25、-123.0、.5、-12.50。注意，当小数部分为零时小数点不能省略。

（2）指数形式。例如，1.75e4 表示 1.75×10^4，$-2.25e-3$ 表示 -2.25×10^{-3}。其中，字母 e 可以用大写，字母 e 前面必须有数字，字母 e 后面必须是整数，指数形式更适合表示绝对值较大或更小的数值。

3. 字符常量

字符常量是用一对单撇字符（西文中的单引号）括起来的一个字符，如 $'a'$、$'A'$。需要说明的是，在 C 语言中一个字符只占一个字节的内存，一般情况下一个汉字占用两个字节存储空间，因此一个汉字不能按一个字符处理，应该按字符串处理，如 $'人'$ 是非法的字符常数。

由于字符常量在计算机中是以 ASCII 码形式存储的，因此它可以参与各种运算。ASCII 码是目前计算机中应用最广泛的字元集及其编码，由美国国家标准局制定，全称是美国标准信息交换码（American Standard Code for Information Interchange）。大写字母 ASCII 码值的范围是 $65\sim90$，小写字母 ASCII 码值的范围是 $97\sim122$，数字 $0\sim9$ 对应的 ASCII 码值的范围是 $48\sim57$。例如：

$'b'-'a'$——字符 b 的 ASCII 码值 97 减去字符 a 的 ASCII 码值 97；

$'A'+32$——字符 A 的 ASCII 码值 65 加上 32 等于字符 a 的 ASCII 码值；

$'c'-32$——字符 c 的 ASCII 码值 99 减去 32 等于字符 c 的 ASCII 码值；

$'9'+'0'$——字符 9 的 ASCII 码值 57 加上字符 0 的 ASCII 码值 48 等于数值 105，要分清数字 9 和字符 9 的差异；

$'A'>'a'$——比较的是两个字符的 ASCII 码值。

4. 字符串常量

字符串常量简称字符串，是用一对双撇号字符括起来的一串字符。例如，"This is a Computer"、"a"、"C 程序"都是字符串常量。在字符串结尾，计算机自动加上字符$'\backslash0'$，表示该字符串结束。因此，字符串常量的存储单元要比实际的字符串的个数多一个。例如，由于"c"占两个字节，因此尽管$'c'$与"c"都含有一个字符，但在 C 语言程序中字符长度不同，代表的含义也不同。

5. 符号常量

在 C 语言程序中，可对常量进行命名，即用符号代替常量，该符号称为符号常量。符号常量一般用大写字母表示，以便与其它标识相区别。符号常量要先定义后使用，定义的方法有以下两种：

(1) 使用编译预处理命令 define，例如：

　　 #define PI 3.14159

(2) 使用常量说明符 const，例如：

　　 const int day=365；

其中一个 #define 命令不用分号结尾，定义后可在程序中代替常量使用，这样定义的好处是增强了程序的可维护性，如改变 PI 的值为 3.14，只需要在定义处将 3.14159 更改为 3.14，程序的所有 PI 值就更改为 3.14。

2.2.2　变量

变量必须有一个名字作为标识，是在程序运行过程中其值可以改变的量。变量的命名要遵守一定的规则，在内存中占据一定的存储单元，占据的单元空间由变量的类型确定，例如整型占用 4 个存储单元，字符型占用 1 个存储单元，在该存储单元中存放变量的值。变量具有保持值的性质，但是当给变量赋新值时，新值会取代旧值，这就是变量的值发生变化的原因。变量必须先定义，后使用。

1. 变量的定义

变量定义语句的一般格式为：

　　 类型标识符　变量名 1，变量名 2，…；

这里的类型标识符包含 C 语言基本类型及其修饰符的所有组合，如 int、char、float、double、long int、unsigned int 等。

变量名的命名要以字母或下画线开头并且仅由字母、数字或下画线组成，最长为 32 个字符。例如 year、_day123、day_123 等都是合法的变量名，而 123day、#123、123% 等都是不合法的变量名。另外，变量名不能为 C 语言中预定的关键字，例如不能使用 if、case、while 等作为变量名。

为了增强程序的可读性，应尽量将变量名设置成其表达的含义，例如可将年龄变量设置成 age，将姓名变量设置成 name 等。

例如：

```
int year,month,day;        /* 定义了 3 个整型变量，用来存放年月日的值，中间用逗号隔开 */
char sex;                  /* 定义了 1 个字符变量，用来存放性别 */
```

2. 变量的初始化

给变量赋初值的过程称为变量的初始化。

例如：

```
int year=2022,month=1,day=31;    /* 定义了 3 个整型变量，并赋初值 */
char sex='F';                    /* 定义了 1 个字符变量，'M'和'F'分别代表男和女 */
```

值得注意的是，没有赋初值的变量并不意味着该变量中没有数值，而只表明该变量中的值为当前所占内存地址中的值，不是实际想使用的值，于是引用这样的变量就可能产生无法预测的结果，有可能会导致运算错误。

【例 2.1】 大小写转换。

```
#include <bits/stdc++.h>
int main()
{
    int year=2022,month=1,day=31;
    printf("%d 年的%d 月共有%d 天\n",year,month,day);
    char c1,c2,c3,c4,c5;
    c1='C',c2='H',c3='I',c4='N',c5='A';
    printf("I love %c%c%c%c%c\n",c1,c2,c3,c4,c5);
    c1='C',c2='H'+32,c3='I'+32,c4='N'+32,c5='A'+32;
    printf("I love %c%c%c%c%c\n",c1,c2,c3,c4,c5);
    return 0;
}
```

运行结果如图 2.1 所示。

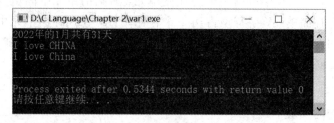

图 2.1　大小写显示"I love China"

【例 2.2】 浮点型数据的应用。

```
#include <bits/stdc++.h>
int main()
{
    int num_dress;              /* 定义整型变量 衣服的件数 */
    float price, money;         /* 定义浮点型变量 单价和应付钱数 */
    num_dress=298;              /* 给衣服的件数赋值 */
    price=216.8;                /* 给价格赋值 */
```

```
        money = num_dress * price;              /* 计算应付金额 */
        printf("\n 应付金额 = %f\n", money);    /* 输出结果 */
        return 0;
    }
```

运行结果如图 2.2 所示。

图 2.2　浮点型计算乘积结果显示

2.3　运算符与表达式

C语言运算符非常丰富，主要有三大类：算术运算符、关系运算符与逻辑运算符以及位运算符。除此之外，还有一些赋值运算符、条件运算符、逗号运算符、指针运算符等。

2.3.1　运算符的种类

C语言的运算符可分为以下几类：

(1) 算术运算符：用于各类数值运算，包括加（＋）、减（－）、乘（＊）、除（/）、求余（％）、自增（＋＋）、自减（－－）等 7 种。

(2) 关系运算符：包括大于（＞）、小于（＜）、等于（＝＝）、大于或等于（＞＝）、小于或等于（＜＝）、不等于（! ＝）等 6 种。

(3) 逻辑运算符：包括与（＆＆））、或（||）、非（!）3 种。

(4) 位操作运算符：参与二进制位运算，包括位与（＆）、位或（|）、位非（～）、位异或（∧）、左移（＜＜）、右移（＞＞）等 6 种。

(5) 赋值运算符：分为简单赋值（＝）、复合算术赋值（＋＝、－＝、＊＝、/＝、％＝）和复合位运算赋值（＆＝、|＝、∧＝、＞＞＝、＜＜＝）3 类，共 11 种。

(6) 条件运算符：属于三目运算符，用于条件求值，只有一种，即?:。

(7) 逗号运算符：只有一种，即,。

(8) 指针运算符：包括 2 种，即＊、＆。

2.3.2　算术运算符与算术表达式

C语言的算术运算符中双目运算符主要包括加（＋）、减（－）、乘（＊）、除（/）和求模（％）5 种，其计算规则与数学中的运算规则相同。需要注意的是，在程序中进行除法运算时，两个整型数相除的结果为整型，如表达式 7/2 的运算结果为 3，结果只取整数部分。若要结果为 3.5，则需要将操作数改为实型常数，如 7.0/2.0。如果参与运算的两个数中有一个为实数，则运算结果为实数。对于求模运算符％，两个操作数必须是整型，实型数不能进行求模运算。

　　C 语言的算术运算符中单目运算符主要包括自加（＋＋）和自减（－－）两种，其操作对象只能是变量，作用是使变量的值增 1 或减 1。

　　在 C 语言的算术表达式中只能使用圆括号。圆括号是 C 语言中优先级别最高的运算符，圆括号必须成对使用，当使用了多层圆括号时，先完成最里层的运算处理，最后处理最外层括号。用算术运算符和一对圆括号将操作数（常数、变量、函数等）连接起来，符合 C 语言语法的表达式称为算术表达式。

　　有些运算还会涉及求绝对值和平方根等操作，对这类数学运算，C 语言已将它们定义成标准库函数。例如，求 num1 的绝对值可使用 fabs(num)，求 num2 的平方根可使用 sqrt(num2) 等，这些函数存放在数学库"math. h"中，在使用时用户只需直接调用即可。

　　在 C 语言中，"＝"称为赋值运算符，它不同于数学中的等号，赋值运算符具有方向性，如 y＝x 和 x＝y，在数学意义上是一样的，但在 C 语言中具有不同的含义，y＝x 是将 x 的值赋给 y，而 y 原来的值被覆盖。赋值号左边必须是一个变量名，赋值号右边允许是常数、变量和表达式。赋值运算符的功能是先求出右边表达式的值，然后将此值赋给左边变量。赋值运算符具有右结合性，因此 y＝x＝5 也是合法的，与 y＝(x＝5) 等价，最后 y 和 x 的值均等于 5。

【例 2.3】　求解二次函数的根。

```c
#include <bits/stdc++.h>
int main()
{
    double a,b,c,w;
    printf("请输入三个数(方程的系数)，中间用空格分开\n");
    scanf("%lf%lf%lf",&a,&b,&c);
    w=b*b-4*a*c;
    if (w<0)
    printf("方程无解\n");
    else if(w==0)
    printf("方程有一个解:x=%lf\n",-b/(2*a));
    else
    printf("方程有两个解:x1=%lf,x2=%lf\n",(-b+sqrt(w))/(2*a),(-b-sqrt(w))
        /(2*a));
    return 0;
}
```

程序运行结果如图 2.3 所示。

图 2.3　求解二次函数的根结果显示

自增运算符(＋＋)和自减运算符(－－)是单目运算符,运算对象必须是变量,不能为表达式或常量。＋＋和－－运算符既可以作为变量的前缀,又可以作为变量的后缀,例如＋＋i、i＋＋、－－i、i－－都是合法的表达式。

＋＋i,－－i:变量在使用之前先自增(减)1。

i＋＋,i－－:变量在使用之后再自增(减)1。

无论作为变量的前缀还是作为变量的后缀,相对于变量本身来说自增1或自减1都具有相同的效果。

【例 2.4】 自增和自减的应用。

```
# include <bits/stdc++.h>
int main()
{
    int a,b,c,d,e,f,i,j;
    a=5;
    b=++a;
    printf("a 的值为%d,b 的值为%d\n",a,b);
    c=5;
    d=c++;
    printf("c 的值为%d,d 的值为%d\n",c,d);
    e=5;
    f=--e;
    printf("e 的值为%d,f 的值为%d\n",e,f);
    f=e--;
    printf("e 的值为%d,f 的值为%d\n",e,f);
    i=2;
    j=-i++;
    printf("i 的值为%d,j 的值为%d\n",i,j);
    return 0;
}
```

程序运行结果如图 2.4 所示。

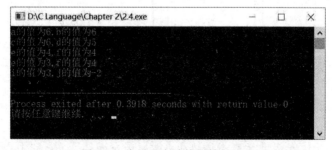

图 2.4　自增和自减算法结果显示

说明:＋＋和－－运算符具有右结合性,如表达式－i＋＋相当于－(i＋＋),不是(－i)＋＋,而(－i)是表达式,不能作为＋＋运算符的操作数。

表 2.5 总结了所有运算符的优先级与结合性,同一行中的各运算符具有相同的优先

级，各行间从上往下优先级逐行降低。

表 2.5　运算符的优先级与结合性

运　算　符	结　合　性
（）　〔〕	从左向右
！～++　　−− 　sizeof	从右向左
＊　／　％	从左向右
＋　−	从左向右
<<　>>	从左向右
<=　<　>　>=	从左向右
==　！=	从左向右
&	从左向右
∧	从左向右
｜	从左向右
&.&	从左向右
｜｜	从左向右
？：	从左向右
=　+=　−=　/=　＊=　%=　&=　∧=　｜= <<=　>>=	从左向右
，	从左向右

2.3.3　关系运算符与关系表达式

C 语言提供了 6 种关系运算符，分别是：小于、小于等于、大于、大于等于、等于、不等于。

注意：在书写关系运算符>=、<=、==、!=时，中间不允许有空格，否则会产生语法错误。

关系运算符两边的运算对象可以是 C 语言中任意合法的表达式。关系表达式的形式为：

表达式 1　关系运算符　表达式 2

C 语言的表达式中产生的结果只能是 0(假)或 1(真)。例如，表达式 1<2 的值为 1，而表达式 2<1 的值为 0。

关系运算符可以用于比较整数和浮点数，也允许比较混合类型的操作数。因此，表达式 2<2.3 的值为 1。

由于关系运算符优先级低于算术运算符，所以关系表达式 c>a+b 等价于 c>(a+b)。由于关系运算符优先级高于赋值运算符，所以关系表达式 c=a>b 等价于 c=(a>b)。

若 a=3，b=2，c=1，则数学表达式 a>b>c 是成立的，但在程序中关系表达式 a>b>c 等价于(a>b)>c，其中 a>b 返回值为 1，但 1 不大于 c，因此整个关系表达式的返回值为 0。

例如，a>=b、(a=4)>(b=3)、a>c==d 等都是合法的关系表达式。关系运算的值为"逻辑值"，只有两种可能：整数 0 或整数 1。例如，a=3>b=4 是不合法的关系表达式，因为先运算的 3>b 的返回结果除了 0 就是 1，结果为常数，4 不能赋值给常数，所以出错。

当字符参加关系运算时，可使用字符的 ASCII 码值进行比较，如 a=97，则表达式 a=='a'的值为 1。两个字符串进行关系运算(比较大小)时，从两个字符串左边开始，逐个比较字符。如果前面的字符相同，就比较右边下一个字符，一旦某个字符不同，则按其 ASCII 码值的大小决定两个字符串的大小。如果所有字符都相同，则两个字符串相等。例如，"abc"<"abd"(第 3 个字符'c'<'d')、"ab"=="ab"等的返回值都为 1。

【例 2.5】　关系运算符算法练习。

```
#include <bits/stdc++.h>
int main()
{
    printf("%d %d\n",1<2,2<1);          /*返回1和0*/
    printf("%d \n",2<2.3);              /*返回1*/
    int a=3,b=2,c=1;
    printf("%d %d\n",c>a+b,c=a>b);      /*返回0和1*/
    printf("%d\n",c>b>c);               /*返回0*/
    //printf("%d\n",a=4>b=3);           /*不合法*/
    printf("%d\n",(a=4)>(b=3));         /*返回1*/
    a=97;
    printf("%d\n",a=='a');              /*返回1*/
    printf("%d\n","abc"<"abd");         /*返回1*/
    return 0;
}
```

程序运行结果如图 2.5 所示。

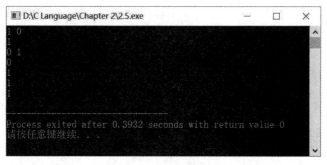

图 2.5　关系运算符算法练习结果显示

2.3.4　逗号运算符

逗号运算符是将多个表达式用逗号运算符","连接起来，逗号表达式的一般形式为：

表达式 1，表达式 2，…，表达式 n

逗号运算符的结合性为从左到右，即先计算表达式 1，然后计算表达式 2，依次进行，最后计算表达式 n，最后一个表达式的值就是该逗号表达式的值。逗号运算符在 C 语言所有运算符中优先级别最低。

例如：

    i＝5,i＋＋,＋＋i,i＋8

这个逗号运算符表达式的值为15，因为i＋8改变的是表达式的值，i的值没有改变，所以i的值自加了两次，其值为7。

例如：

    x＝(y＝4,y＋5,18)

这个逗号运算符表达式的值为18，并且将该结果赋给了x，且y的值为4。

若t为int类型，表达式t＝1,t＋5,t＋＋的值是1，则t的值为2。

若已定义m和n为double类型，则表达式m＝1,n＝m＋3/2的值是2.000000。

若a＝3，b＝5，b＋＝a，c＝b＊5，则逗号表达式的值为40。

对于如下程序：

```
main()
{
int x,y,z;
x=1;
y=1;
z=x++,y++,++y;
printf("%d,%d,%d\n",x,y,z);
}
```

其结果为2,3,1。

【例2.6】 逗号运算符算法练习。

```
#include <bits/stdc++.h>
int main()
{
    int x,y,z;
    x=1;
    y=1;
    z=x++,y++,++y;
    printf("%d,%d,%d\n",x,y,z);
    int i;
    printf("%d,%d\n",(i=5,i++,++i,i+8),i);
    printf("%d,%d,%d\n",(x=(y=4,y+5,18)),x,y);
    int t;
    printf("%d,%d\n",(t=1,t+5,t++),t);
    double m,n;
    printf("%lf,%lf,%lf\n",(m=1,n=m+3/2),m,n);
    int a,b,c;
    printf("%d",(a=3,b=5,b+=a,c=b*5));
    return 0;
}
```

程序运行结果如图 2.6 所示。

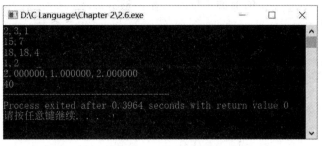

图 2.6　逗号运算符算法练习结果显示

2.3.5　逻辑运算符与逻辑表达式

C 语言有逻辑与(&&)、逻辑或(||)和逻辑非(!)3 种逻辑运算符。逻辑与和逻辑或运算符为双目运算符，具有左结合性。逻辑非为单目运算符，具有右结合性。逻辑表达式的结果只有两个值，即真和假，分别用 1 和 0 表示。

逻辑表达式的形式为：

　　　　表达式 1 && 表达式 2

　　　　表达式 1 || 表达式 2

　　　　! 表达式

逻辑表达式的运算规则为：

逻辑与(&&)：当两边的表达式的值均为非 0 时，逻辑表达式的值才为 1，其余情况均为 0。

逻辑或(||)：当两边表达式的值均为 0 时，逻辑表达式的值为 0，其余情况均为 1。

逻辑非(!)：当表达式的值为非 0 时，逻辑表达式的值为 0；反之当表达式的值为 0 时，逻辑表达式的值为 1。

逻辑表达式的用法举例：

(1) 写出判断变量 x 中的值是否为大写字母的表达式。

正确的表达式：

　　　　x >= 'A' && x <= 'Z'　或　x >= 65 && x <= 95

错误的表达式：

　　　　'A' <= x <= 'Z'　或　65 <= x <= 90

(2) 写出判断 x 中的值是否为字母的表达式。

正确的表达式：

　　　　(x >= 'A' && x <= 'Z') || (x >= 'a' && x <= 'z')

或

　　　　(x >= 65 && x <= 90) || (x >= 97 && x <= 122)

错误的表达式：

　　　　x >= 'A' && x <= 'z'　或　x >= 65 && x <= 122

解析：大写字母是 'A' ~ 'Z'，ASCII 码值为 65~90，小写字母是 'a' ~ 'z'，ASCII 码值

为 97～122，即大小写字母之间并不连续，所以表达式需分成两段。

（3）写出判断 a、b、c 中的值能否构成三角形的表达式。

正确的表达式：

$(a + b > c) \&\& (a + c > b) \&\& (b + c > a)$

错误的表达式：

$(a + b > c) || (a + c > b) || (b + c > a)$

（4）写出判断 a、b、c 中的值能否构成等边三角形的表达式。

正确的表达式：

$(a == b) \&\& (a == c)$

或

$(a == b) \&\& (b == c)$

错误的表达式：

$a == b == c$ 或 $a = b = c$

（5）写出判断 a、b、c 中的值能否构成直角三角形的表达式。

正确的表达式：

$(a*a+b*b == c*c) || (a*a+c*c == b*b) || (b*b+c*c == a*a)$

（6）写出判断 x 中的值能被 4 整除且不能被 100 整除的表达式。

正确的表达式：

$(x \% 4 == 0) \&\& (x \% 100 != 0)$

错误的表达式：

$(x / 4 == 0) \&\& (x / 100 != 0)$

2.3.6 条件运算符与条件表达式

C 语言提供了一种特殊的运算符——条件运算符，该运算符能够形成简单的选择结构。条件表达式的形式如下：

表达式 1 ? 表达式 2 : 表达式 3

条件表达式的运算符为 ? :，是 C 语言中唯一的三目运算符。

条件表达式的运算过程为：如果表达式 1 为非零值（真），则计算表达式 2 的值，并作为整个条件表达式的值；如果表达式 1 的值为零（假），则计算表达式 3 的值，并作为整个条件表达式的值。

例如：

x>y ? x:y

该表达式的值等于 x 和 y 中的最大值。相当于如下语句：

If (x>y)

return x;

else

return y;

条件表达式的优先级仅高于赋值运算符和逗号运算符，低于其它所有运算符。

例如：

    s＝x＞y？x：m＞n？m：n

相当于如下语句：

    If（x＞y）

    s＝x；

    else

    If（m＞n）

    s＝m；

    else

    s＝n；

2.4　数据类型转换

在 C 语言中，整型、实型、字符型数据可以进行混合运算，字符型数据可以和整型数据通用。在运算之前，不同类型的数据要转换成同一种类型才能完成运算。这种数据类型的转换方式可以归纳为自动转换和强制转换两种。

2.4.1　自动类型转换

当两个不同类型的数据进行运算时，C 语言会自动把它们转换成同一数据类型再进行计算。自动类型转换时，系统遵循将类型级别较低的操作数转换成另一个类型级别较高的操作数类型，然后进行计算，计算结果的数据类型为级别较高的类型。数据类型自动转换规则如图 2.7 所示。

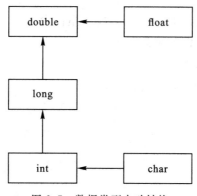

图 2.7　数据类型自动转换

【例 2.7】　自动类型转换算法练习。

```
# include <bits/stdc++.h>
int main()
{
    char ch='a';
    int i=49;
```

```
float x=4.85;
double y=3.825e5;
printf("%lf\n",i+ch+x*y);
i=ch;
x=i;
y=x;
printf("%4c,%4d,%6.2f,%4f\n",ch,i,x,y);
return 0;
}
```

程序运行结果如图 2.8 所示。

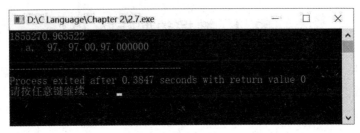

图 2.8　自动类型转换算法练习结果显示

2.4.2　强制类型转换

C 语言中,根据程序所需允许使用类型说明符对操作数据进行强制类型转换。强制类型转换表达式的形式如下:

(类型名)(表达式)

强制类型转换时需要注意,取整类型转换不是四舍五入,而是直接取整数部分,例如 a=3.9,(int) a 的结果为整数部分 3。

【例 2.8】　强制类型转换算法练习。

```
#include <bits/stdc++.h>
int main()
{
    int a=3,b=4;
    float x1,x2,x3,x4;
    x1=a/b;
    x2=(float) a/b;
    x3=(float)(a/b);
    x4=(float)a/(float)b;
    printf("%f %f %f %f ",x1,x2,x3,x4);
    return 0;
}
```

程序运行结果如图 2.9 所示。

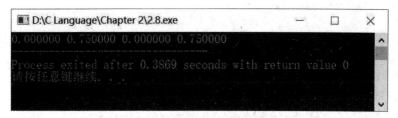

图 2.9 强制类型转换算法练习结果显示

拓展阅读 2

【例 2.9】 输出爱国之心图形。

```
#include <bits/stdc++.h>
int main()
{
    system("color F4");                    /*控制面板的颜色,F4 为红色*/
    double x,y,a;
    for(y=1.5;y>-1.5;y-=0.1214)            /*调好的参数,爱心形状,可以自行调参数,
                                             改变爱心的形状*/
    {
        for(x=-1.5;x<1.5;x+=0.05)
        {
            a=x*x+y*y-1;
            if(a*a*a-x*x*y*y*y<=0)/*爱心方程*/
            {
                printf("*");
            }
            else
                printf(" ");
        }
        printf("\n");
    }
    return 0;
}
```

程序运行结果如图 2.10 所示。

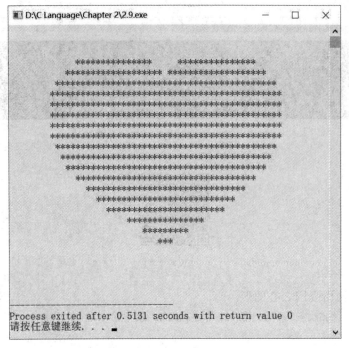

图 2.10　爱国之心算法结果显示

本 章 小 结

本章主要介绍了 C 语言的数据类型、常量和变量、运算符和表达式的基础知识。通过学习本章,读者应该掌握以下知识点:

1. 常量类型

C 语言的常量类型包括整数、长整数、无符号数、浮点数、字符、字符串、符号常数和转义字符。

2. C 语言的数据类型

C 语言的数据类型包括基本类型、构造类型、指针类型和空类型。

3. 运算符的优先级和结合性

一般而言,单目运算符的优先级较高,赋值运算符的优先级较低,算术运算符的优先级较高,关系和逻辑运算符的优先级较低。多数运算符具有左结合性,单目运算符、三目运算符、赋值运算符具有右结合性。

4. 表达式

表达式是由运算符连接常量、变量、函数所组成的式子。每个表达式都有一个值和类型。表达式求值按运算符的优先级和结合性所规定的顺序进行。

5. 数据类型转换

数据类型转换包括自动转换和强制转换。

（1）自动转换：在不同类型数据的混合运算中，由系统自动实现转换，由少字节类型向多字节类型转换。不同类型的量相互赋值时也由系统自动进行转换，把赋值号右边的类型转换为左边的类型。

（2）强制转换：由强制转换运算符完成转换。

习　题

一、选择题

1. 以 16 位 PC 为例，C 语言各数据类型的存储空间长度的排列顺序为（　　）。

    A. char<int<long<=float<double   B. char=int<long<=float<double

    C. char<int<long=float=double   D. char=int=long<=float<double

2. 若 x、i、j 和 k 都是 int 型变量，则计算表达式 x=(i=6,j=26,k=36)后，x 的值为（　　）。

    A. 6   B. 26   C. 36   D. 52

3. 假设所有变量均为整型，则表达式 $X=(a=2,b=5,a+b++,a*a-b)$ 的值是（　　）。

    A. 1   B. 2   C. −1   D. −2

4. 算术运算符、赋值运算符和关系运算符的运算优先级按从高到低依次为（　　）。

    A. 算术运算、赋值运算、关系运算   B. 算术运算、关系运算、赋值运算

    C. 关系运算、赋值运算、算术运算   D. 关系运算、算术运算、赋值运算

5. 下列四组选项中，均是 C 语言关键字的选项是（　　）。

    A. auto　enum　include   B. switch　typedef　continue

    C. signed　union　scanf   D. if　int　type

6. 下列四个选项中，均是不合法的用户标识符的选项是（　　）。

    A. A　P_0　do   B. float　la0　_A

    C. b−a　goto　int   D. _123　temp　INT

7. 表达式！x||a==b 等效于（　　）。

    A. ！((x||a)==b)   B. ！(x||y)==b

    C. ！(x||(a==b))   D. (！x)||(a==b)

8. 设整型变量 m、n、a、b、c、d 均为 1，执行 (m=a>b)&&(n=c>d)后，m、n 的值是（　　）。

    A. 0，0   B. 0，1   C. 1，0   D. 1，1

9. 下列运算符中，优先级最低的运算符是（　　）。

    A. *   B. ！=   C. +   D. =

10. 下列四个选项中，均是不合法的浮点数的选项是（　　）。

    A. 160.　0.92　e2   B. 163　2e4.2　.e5

    C. −.1　23e4　0.00   D. −e3　.234　le3

11. 下列四个选项中，均是合法的浮点数的选项是（　　）。

    A. +1e+1　5e−9.4　03e2   B. −.60　12e−4　−8e5

　　C. 123e　1.2e−.4　+2e−1　　　　　　D. −e3　.6e−2　5.e−0

12. 下列正确的字符常量是(　　　)。

　　A. "c"　　　　　B. '\\''　　　　　C. 'W'　　　　　D. ""

13. 设整型变量 i 的值为 2,表达式(++i)+(++i)+(++i)的结果是(　　　)。

　　A. 6　　　　　　B. 12　　　　　　C. 15　　　　　　D. 表达式出错

14. 下列不正确的字符串常量是(　　　)。

　　A. 'abc'　　　　B. "12a12"　　　　C. "0"　　　　　D. " "

15. 设 a 为整型变量,不能正确表达数学关系"10<a<15"的 C 语言表达式是(　　　)。

　　A. 10<a<15　　　　　　　B. a= =11|| a= =12 || a= =13 || a= =14

　　C. a>10 && a<15　　　　　D. ! (a<=10) && ! (a>=15)

16. 若有代数式 3ae/bc,则不正确的 C 语言表达式是(　　　)。

　　A. a/b/c*e*3　　　　　　　B. 3*a*e/b/c

　　C. 3*a*e/b*c　　　　　　　D. a*e/c/b*3

17. 要为字符型变量 a 赋初值,下列语句中(　　　)是正确的。

　　A. char a="3";　　B. char a='3';　　C. char a=%;　　D. char a= *;

18. 以下不正确的叙述是(　　　)。

　　A. 在 C 语言程序中,逗号运算符的优先级最低

　　B. 在 C 语言程序中,APH 和 aph 是两个不同的变量

　　C. 若 a 和 b 类型相同,在计算表达式 a=b 后,b 的值将放入 a 中,而 b 中的值不变

　　D. 当从键盘输入数据时,对于整型变量只能输入整型数值,对于实型变量只能输
　　　 入实型数值

19. 以下正确的叙述是(　　　)。

　　A. 在 C 语言程序中,每行只能写一条语句

　　B. 若 a 是实型变量,C 语言程序中允许赋值 a=10,因此实型变量中允许存放整
　　　 型数

　　C. 在 C 语言程序中,无论是整数还是实数,都能被准确无误地表示

　　D. 在 C 语言程序中,%是只能用于整数运算的运算符

20. 已知字母 A 的 ASCII 码值为十进制数 65,且 c2 为字符型,则执行语句 c2='A'
　　 +'6'−'3'后,c2 的值为(　　　)。

　　A. D　　　　　　B. 68　　　　　　C. 不确定的值　　　D. C

21. 若有定义"int a=7; float x=2.5, y=4.7;",则表达式 x+a%3 * (int)(x+y)%
　　 2/4 的值是(　　　)。

　　A. 2.500000　　B. 2.750000　　C. 3.500000　　D. 0.000000

22. sizeof(float)是(　　　)。

　　A. 一个双精度型表达式　　　　　B. 一个整型表达式

　　C. 一种函数调用　　　　　　　　D. 一个不合法的表达式

23. 设变量 a 是整型,f 是实型,i 是双精度型,则表达式 10+'a'+i*f 的值的数据类
　　 型为(　　　)。

　　A. int　　　　　B. float　　　　　C. double　　　　D. 不确定

24. 表达式 $18/4*sqrt(4.0)/8$ 的值的数据类型为（　　）。
  A. int   B. float   C. double   D. 不确定

25. 若有以下定义，则能使值为 3 的表达式是（　　）。
  int k＝7，x＝12；
  A. x％＝k％＝5   B. x％＝k－k％5
  C. x％＝(k－k％5)   D. (x％＝k)－(k％＝5)

26. 设以下变量均为 int 类型，则值不等于 7 的表达式是（　　）。
  A. x＝y＝6，x＋y，x＋1   B. x＝y＝6，x＋y，y＋1
  C. x＝6，x＋1，y＝6，x＋y   D. y＝6，y＋1，x＝y，x＋1

二、填空题

1. C 语言中的逻辑值"真"是用＿＿＿＿表示的，逻辑值"假"是用＿＿＿＿表示的。

2. 若 x 和 n 都是 int 型变量，且 x 的初值为 12，n 的初值为 5，则计算表达式 x％＝(n％＝2)后 x 的值为＿＿＿＿。

3. 设 c＝'w'，a＝1，b＝2，d＝－5，则表达式 'x'＋1＞c，'y'！＝c＋2，－a－5*b＜＝d＋1，b＝＝a＝2 的值分别为＿＿＿＿、＿＿＿＿、＿＿＿＿、＿＿＿＿。

4. 设 float x＝2.5，y＝4.7；int a＝7；表达式 x＋a％3*(int)(x＋y)％2/4 的值为＿＿＿＿。

5. 判断变量 a、b 的值均不为 0 的逻辑表达式为＿＿＿＿＿＿。

6. 求解赋值表达式 a＝(b＝10)％(c＝6)，表达式的值及 a、b、c 的值依次为＿＿＿＿、＿＿＿＿、＿＿＿＿、＿＿＿＿。

7. 求解逗号表达式 x＝a＝3，6*a 后，表达式的值及 x、a 的值依次为＿＿＿＿、＿＿＿＿、＿＿＿＿。

三、判断题

1. C 语言中，一个 int 型数据在内存中占 2 个字节，则 int 型数据的取值范围为 －327 68～327 68。 （　　）

2. 若 s 是 int 型变量，则表达式 s％2＋(s＋1)％2 的值为 0。 （　　）

3. 若有定义：int x＝3，y＝2；float a＝2.5，b＝3.5；则表达式(x＋y)％2＋(int)a/(int)b 的值为 1。 （　　）

4. 若有定义：int x＝12，n＝5；则计算表达式 x％＝(n％＝2)后 x 的值为 0。（　　）

5. 若有定义：int a，b；表达式 a＝2，b＝5，a＋＋，b＋＋，a＋b 的值为 7。（　　）

四、编程题

1. 设长方形的高为 2.5，宽为 1.3，编程求该长方形的周长和面积。

2. 编写一个程序，将大写字母 B 转换为小写字母 b。

第三章　程序设计结构

　　程序设计的目的是用算法对生活中遇到的问题进行处理,从而获得所期望的结果。算法是解决问题的具体工作步骤和方法,算法的实现过程由一系列操作组成,这些操作之间的执行次序是由控制流语句控制的,该控制流语句由顺序结构、选择结构和循环结构这 3 种基本结构组合而成。本章将对这 3 种基本结构逐一介绍。

3.1　顺序结构程序设计

　　顺序结构是程序设计语言最基本的结构,其包含的语句是按照书写的顺序逐条执行的,且每条语句都将被执行。

3.1.1　顺序结构的基本语句

　　顺序结构的基本语句包括表达式语句、函数调用语句、复合语句、空语句。

1. 表达式语句

表达式语句由表达式加上分号";"组成,执行表达式语句就是计算表达式的值。
例如:

　　　　x=1;(赋值语句)

　　　　++i;实现 i 的自增(运算符表达式语句)

2. 函数调用语句

函数调用语句由函数名、实际参数加上分号组成。
例如:

　　　　printf("粉身碎骨浑不怕,要留清白在人间");

这是一个调用库函数,输出字符串的语句。

3. 复合语句

复合语句是把多个语句用一对花括号括起来组合在一起,在语法上相当于一条语句。其一般形式如下:

　　　　{语句 1;语句 2;…语句 n;}

4. 空语句

空语句只由一个分号";"组成,不执行任何操作。

3.1.2　数据的输入和输出

　　C 语言没有提供输入/输出语句,所有的输入/输出都通过调用标准库函数完成,函数原型都在"stdio.h"中。

1. putchar 函数

putchar()是字符输出函数，用于在显示器输出一个字符。

例如：

```
putchar(x);/* 代表输出字符变量 x 的值 */
```

【例 3.1】 putchar()函数操作。

```
# include<stdio.h>
int main()
{
    char a='C',b='c';
    putchar(a);
    putchar(b);
    putchar('\n');
    return 0;
}
```

2. getchar 函数

getchar()函数用于从键盘上输入一个字符，通常把输入的字符赋予一个字符变量，构成赋值语句，例如：

```
a=getchar();
```

说明：

（1）getchar()函数只能接收单个字符，输入数字也按字符处理。输入多于一个字符时，只接收第一个字符。

（2）getchar()函数是无参函数，后面的括号不能省略。

（3）在输入时，空格、回车键都作为字符读入，且只在输入回车键时读入才开始执行。

【例 3.2】 getchar()函数的赋值操作。

```
# include<stdio.h>
int main()
{
    char a, b;
    a = getchar();
    b = getchar();
    putchar(a);
    putchar(b);
    putchar('\n');
    return 0;
}
```

3. printf 函数

printf()函数称为格式输出函数，用于按照用户指定的格式，把指定的数据输出到显示器上。

例如：

```
printf("%d%f",a,b)
```

1）printf 函数的格式控制字符串

（1）格式说明符：以"％"开头，其后紧跟各种格式字符，以说明输出数据的类型、形式、长度、小数位数等。

格式说明的一般形式为：

　　％[修饰符]格式字符

格式字符代表的意义如表 3.1 所示。

表 3.1　格式字符代表的意义

格式字符	意　　义
d,i	以十进制形式输出带符号整数(正数不输出符号)
o	以八进制形式输出无符号整数(不输出前缀 0)
x,X	以十六进制形式输出无符号整数(不输出前缀 0x)
u	以十进制形式输出无符号整数
f	以小数形式输出单、双精度实数
e,E	以指数形式输出单、双精度实数
g,G	以％f、％e 中较短的输出宽度输出单、双精度实数
c	输出单个字符
s	输出字符串

在格式说明字段中，可以根据具体情况使用修饰符。前缀修饰符的位置一般紧靠"％"，一般格式有[flags][width][.prec]等。

前缀修饰符[ ]表示该项为可选项，即可有可无。

─ 表示左对齐输出，如果宽度大于输出数据的宽度，右边补空格；默认为右对齐输出，如果宽度大于输出数据的宽度，左边补空格。

例如：

　　printf("％6d\n",123);

　　printf("％─6d\n",123);

输出结果：

　　□□□123

　　123□□□

[.prec] 为可选的精度指示符，整数位表示至少要输出的数字个数，不足补空格，多则原样输出；小数位表示小数点后至多输出的数字个数，不足的在后面补数字 0，多则作四舍五入处理。

（2）转义字符：用于描述键盘上没有的字符或者某个具有复合功能的控制字符，如'\n'。

（3）普通字符：除了格式说明符和转义字符之外的其它字符，原样输出，在显示中起提示作用。

2）使用 printf 函数应注意的问题

（1）格式控制字符串和各输出项在数量和类型上应一一对应。

（2）除了 X、G、E 外，其它格式字符必须小写。例如％d 不能写成％D。

（3）当输出表列中有多个表达式时，不同的编译系统对输出表列的求值顺序不一定相同，可以从左向右，也可以从右向左。

printf（）函数输出示例如下：

```
# include<stdio. h>
int   main()
{
    printf("自信人生二百年，会当水击三千里\n");
    return 0;
}
```

4. scanf 函数

scanf（）函数又称为格式输入函数，用于按照用户指定的格式从键盘把数据输入到指定的变量中。其一般形式为：

```
scanf("格式控制字符串"，地址表列);
```

例如：

```
scanf("%d%f",&a,&b)
```

scanf（）与 printf（）既有相似之处，也有不同之处。scanf（）函数的格式控制字符含义与 printf（）函数相同；地址表列由若干个地址组成，地址是由地址运算符"&"后跟变量名组成的，代表每一个变量在内存中的地址。

使用 scanf（）函数需要注意如下几点问题：

（1）scanf（）中要求给出变量地址。

（2）scanf（）函数中没有精度控制。

（3）在输入多个数值时，若格式控制字符中相邻两个格式指定符没有指定分隔符，则可用空格、跳格或回车作间隔。

（4）在输入字符时，若格式控制串中没有非格式字符，则认为所有输入的字符均为有效字符。另外，如果在格式控制中加入逗号作为间隔，即 scanf("%c,%c,%c",&a,&b,&c);则输入 d,e,f 为有效录入。

（5）如输入的数据类型与输出的类型不一致时，虽然编译能够通过，但结果不正确。

输入函数示例如下：

```
# include<stdio. h>
int   main()
{
    float num;
    printf("input a number\n");
    scanf("%f", &num);
    printf("%f", num);
}
```

5. 顺序结构举例

【**例 3.3**】　两个整数的 5 种运算（输入 a 和 b，计算并输出它们的和、差、积、商及余数）。

```
# include<stdio. h>
```

```
int main()
{
    int a,b;
    scanf("%d%d",&a,&b);
    printf("%d %d %d %d %d",a+b,a-b,a*b,a/b,a%b);
    return 0;
}
```

程序运行结果如图 3.1 所示。

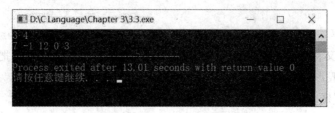

图 3.1　5 种运算结果显示

【例 3.4】　求 3 个数的平均数(保留两位小数)。

```
#include<stdio.h>
int main()
{
    int x,y,z;
    scanf("%d%d%d",&x,&y,&z);
    double t=(x+y+z)/3.0;
    printf("%.2lf\n",t);
    return 0;
}
```

程序运行结果如图 3.2 所示。

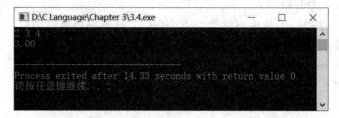

图 3.2　3 个数的平均数算法运算结果显示

【例 3.5】　计算多项式 $f(x)=ax^3+bx^2+cx+d$ 的值(输入 x,a,b,c,d 的值)。

```
#include<stdio.h>
int main()
{
    double x, a, b, c, d;
    scanf("%lf %lf %lf %lf %lf", &x, &a, &b, &c, &d);
    printf("%.7lf", a*x*x*x+b*x*x+c*x+d);
```

```
    return 0；
}
```

程序运行结果如图 3.3 所示。

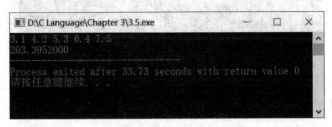

图 3.3 计算多项式的值算法结果显示

【例 3.6】 给出圆的半径，求圆的直径、周长和面积（$\pi = 3.14159$，结果保留四位整数）。

```
#include<stdio.h>
#define pi 3.14159
int main()
{
    double r；
    scanf("%lf",&r)；
    printf("%.4lf %.4lf %.4lf",2 * r,2 * pi * r,pi * r * r)；
    return 0；
}
```

程序运行结果如图 3.4 所示。

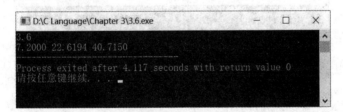

图 3.4 根据圆半径求周长和面积算法结果显示

【例 3.7】 计算球的体积（$V = 4/3 \times \pi \times r^3$，$\pi = 3.14$，结果保留两位小数）。

```
#include <stdio.h>
int main()
{
    double r,v；
    scanf("%lf",&r)；
    v=4.0/3 * 3.14 * r * r * r；
    printf("%.2lf",v)；
    return 0；
}
```

程序运行结果如图 3.5 所示。

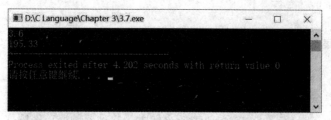

图 3.5　计算球的体积算法结果显示

【**例 3.8**】　反向输出一个三位数(反向输出 n，要保留前导 0)。

```c
#include <stdio.h>
int main(void)
{
    int x;
    int c,b,a;
    scanf("%d",&x);
    a=x/100;
    b=(x/10)%10;
    c=x%10;
    printf("%03d",c*100+b*10+a);
    return 0;
}
```

程序运行结果如图 3.6 所示。

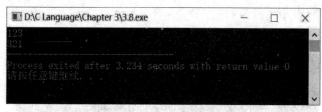

图 3.6　反向输出三位数算法结果显示

【**例 3.9**】　打印 ASCII 码。

```c
#include<stdio.h>
int main()
{
    char a;
    int b;
    scanf("%c",&a);
    b=a;
    printf("%d",b);
    return 0;
}
```

程序运行结果如图 3.7 所示。

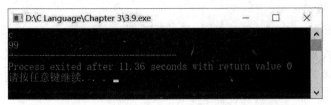

图 3.7　打印 ASCII 码算法结果显示

3.2　选择结构程序设计

3.2.1　if 语句

1. 单分支 if 语句

单分支 if 语句的一般形式如下：

  if(表达式)

  语句序列；

  后继语句；

  if 表达式与语句序列算一条语句，if 就近控制一条语句。if 表达式结构为真时进入 if 语句，为假则直接执行后继语句。

【例 3.10】　输入一个数，正数则求其平方根，否则输出该数的平方。

```
#include <stdio.h>
void main()
{
    float x,y;
    printf("输入一个数:");
    scanf("%f",&x);
    y=x*x;
    if(x>0)
        y=sqrt(x);        /* sqrt()为求平方根函数 */
    printf("%f",y);
}
```

程序运行结果如图 3.8 所示。

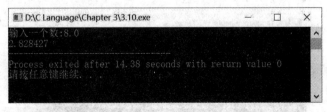

图 3.8　简单 if 语句应用算法结果显示

2. 双分支 if 语句

双分支 if 语句的一般形式表达如下：

　　　if(表达式)

　　　语句序列 1；

　　　else

　　　语句序列 2；

　　　后继语句；

　　若 if 表达式的值为真，则执行语句序列 1；否则执行语句序列 2。有 else 必须有 if，有 n 个 else 就至少有 n 个 if。if 和 else 都只就近控制 1 条语句。语句序列 1 和语句序列 2 可以为复合语句{ }，复合语句算 1 条语句。

【例 3. 11】　求二元一次方程的解。

```c
#include<stdio.h>
#include<math.h>
int main(){
    float a,b,c,disc,p,q,x1,x2;
    printf("请输入 a,b,c 的值:");
    scanf("%f %f %f",&a,&b,&c);
    disc = b * b -4 * a * c;
    if(disc>0)
    {
        p = -b/(2.0 * a);
        q = sqrt(disc)/(2.0 * a);
        x1 = p+q;
        x2 = p-q;
        printf("x1=%.2f\nx2=%.2f\n",x1,x2);
    }
    else
    {
        printf("该方程没有根，请重新输入系数！\n");
    }
    return 0;
}
```

程序运行结果如图 3.9 所示。

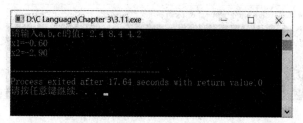

图 3.9　求二元一次方程解的算法结果显示

注意事项：

if 表达式通常是逻辑表达式和关系表达式，也可以是其它表达式，如算术表达式、赋值表达式、一个常量或变量。

对于 if(a = 5)语句，表达式 a = 5 的值永为非 0，同时，将 5 赋给变量 a，因为表达式值非 0，其后的语句一定执行，虽不合理，但符合语法规则。

对于 if(b)语句，以下述程序为例：

```
if(a=b)
    printf("%d",a);
else
    printf("a=0");
```

其含义为把 b 赋给 a，如 b 的值为非 0，则输出该值，否则输出 a=0。

在 if 语句的两种形式中，语句序列 1 和语句序列 2 均为单条语句，若需执行一组语句，则需把这组语句加上花括号{}组成一条复合语句，在"}"后无须加分号。

【例 3.12】　输入 3 个数 a,b,c，要求按由小到大的顺序输出。

```
#include <stdio.h>
int main()
{
    float a,b,c,temp;
    scanf("%f%f%f",&a,&b,&c);
    if(a>b)
    {
        temp=a;
        a=b;
        b=temp;
    }
    if(a>c)
    {
        temp=a;
        a=c;
        c=temp;
    }
    if(b>c)
    {
        temp=b;
        b=c;
        c=temp;
    }
    printf("%5.2f,%5.2f,%5.2f\n",a,b,c);
    return 0;
}
```

程序运行结果如图 3.10 所示。

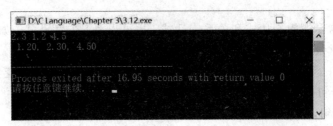

图 3.10　3 个数排序算法结果显示

3. if 语句的嵌套

if 语句的嵌套一般格式表达如下：

```
if(表达式 1)
    if(表达式 2)   语句 1；
    else   语句 2；
else
    if(表达式 3)   语句 3；
    else   语句 4；
```

else 与 if 之间的配对关系为：C 语言规定 else 总是与它上面最近的 if 语句配对。

使用 if 语句的嵌套结构实现多分支时，采用规范形式表达为：

```
if(表达式 1)
    语句 1；
else if(表达式 2)
    语句 2；
else if(表达式 3)
    语句 3；
else if(表达式 4)
    语句 4；
    …
else if(表达式 n)
    语句 n；
else
    语句 n+1；
```

当表达式 $i(1<=i<n)$ 为真时，执行语句 i，然后跳出整个 if 语句执行后继语句；否则判断 else 后面表达式 i+1 是否为真。若所有表达式均为假，则执行语句 n+1，然后执行后继语句。

【例 3.13】　利用输入字符的 ASCII 码值判断字符类型。

说明：控制字符的 ASCII 值小于 32；数字字符'0'和'9'的 ASCII 码值为 48 和 57；大写字母'A'和'Z'的 ASCII 码值为 65 和 90；小写字母'a'和'z'的 ASCII 码值为 97 和 122，其余则为其它字符。

```
#include <stdio.h>
```

```
int main()
{
    char c;
    printf("输入一个字符");
    c=getchar();
    if(c<32)
        printf("c 为控制字符\n");
    else if(c>=48 && c<=57)
        printf("c 为数字字符\n");
    else if(c>=65 && c<=90)
        printf("c 为大写字母\n");
    else if(c>=97 && c<=122)
        printf("c 为小写字母\n");
    else
        printf("c 为其它字符\n");
    return 0;
}
```

程序运行结果如图 3.11 所示。

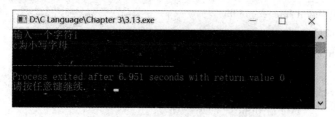

图 3.11 根据 ASCII 码值判断字符类型算法结果显示

3.2.2 switch 语句

1. switch 语句的形式

switch 语句是一种用于实现多分支选择结构的语句,其特点是可以根据一个表达式的多种值选择多个分支,又称为开关语句。

switch 语句的一般表达形式为:

```
switch(表达式)
{
    case 常量表达式 1：语句块 1
    case 常量表达式 2：语句块 2
    ...
    case 常量表达式 n：语句块 n
    default：        语句块 n+1
}
```

执行 switch 语句时,首先计算 switch 后面表达式的值;然后自上而下逐个与 case 后的常量表达式进行比较,两值相等则以该 case 后为入口,执行该常量表达式冒号后面的所有语句块,直到 switch 语句结束(default 后的语句块也输出);当表达式的值与所有的 case 后的常量表达式均不相等时,若存在 default,则执行 default 后面的语句块,若没有 default,则结束 switch 语句。

注意事项:

(1) 关键字 switch 后面括号内的表达式可以为整型、字符型和枚举类型。

(2) 常量表达式由常量构成,不含变量和函数,各常量表达式的值不能相同。

(3) 在关键字 case 和常量表达式之间一定要有空格,case 6:不能写成 case6:。

(4) 各语句块可以是一条或多条语句,不必用{}括起来,也可以为空语句,甚至省略语句块。

(5) 关键字 default 通常写在最后,代表所有 case 语句标号之外的情况。

【例 3.14】 用 1~7 表示星期一到星期日,先输入数字,输出对应的星期表达的英文单词。

```c
#include <stdio.h>
int main()
{
    int a;
    printf("input integer number:");
    scanf("%d",&a);
    switch(a)
        {
            case 1: printf("Monday\n");
            case 2: printf("Tuesday\n");
            case 3: printf("Wednesday\n");
            case 4: printf("Thursday\n");
            case 5: printf("Friday\n");
            case 6: printf("Saturday\n");
            case 7: printf("Sunday\n");
            default: printf("error\n");
        }
    return 0;
}
```

程序运行结果如图 3.12 所示。

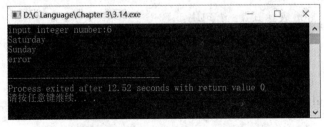

图 3.12 switch 算法举例结果显示

case 常量表达式只相当于一个语句标号，表达式的值和某常量表达式的值相等，则转向该标号执行，但不能执行完自动跳出整个 switch 语句体，此时可采用 C 语言中的 break 语句。

2. switch 语句中 break 语句的使用

switch 语句中 break 语句的使用示例如下：

【例 3.15】 修改例 3.14 中的程序，增加 break 语句。

```c
#include <stdio.h>
int main()
{
    int a;
    printf("input integer number:");
    scanf("%d",&a);
    switch(a)
        {
                case 1: printf("Monday\n");break;
                case 2: printf("Tuesday\n");break;
                case 3: printf("Wednesday\n");break;
                case 4: printf("Thursday\n");break;
                case 5: printf("Friday\n");break;
                case 6: printf("Saturday\n");break;
                case 7: printf("Sunday\n");break;
                default: printf("error\n");
        }
    return 0;
}
```

程序运行结果如图 3.13 所示。

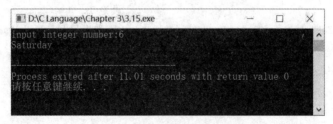

图 3.13　break 语句应用算法结果显示

3. 选择结构举例

【例 3.16】 输入一个年份，判断是否为公历中的闰年。

能被 4 整除而不能被 100 整除或能被 400 整除的年份就是闰年。

```c
#include <stdio.h>
void main()
{
    int year;
```

```
        printf("input the year:");
        scanf("%d",&year);
        if(year%4==0&&year%100! =0||year%400==0)
            printf("Yes");
        else
            printf("No");
    }
```

程序运行结果如图 3.14 所示。

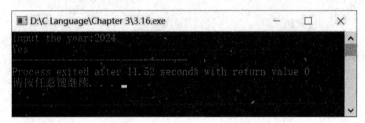

图 3.14　闰年判断算法结果显示

【例 3.17】　有一个函数 $y=x$（$x<1$）；$y=2x-1$（$1<=x<=10$）；$y=3x-11$（$x>=10$），编写实现该函数的程序。

```
    #include<stdio.h>
    int main()
    {
        int x, y;
        printf("请输入 x 的值:");
        scanf("%d", &x);
        if (x < 1) y = x;                       /*如果 x 小于 1,则 y 的值设为 x*/
        if (x >= 1 && x <10) y = 2 * x - 1;     /*如果 x 大于等于 1 且小于 10,则 y 的值
                                                  设为 2x-1*/
        if (x >= 10) y = 3 * x - 11;            /*如果 x 大于等于 10,则 y 的值设为
                                                  3x-11*/
        printf("y=%d", y);
        return 0;
    }
```

或者

```
    #include<stdio.h>
    int main()
    {
        int x, y;
        printf("请输入 x 的值:");
        scanf("%d", &x);
        if (x < 1) y = x;               /*如果 x 小于 1,则 y 的值设为 x*/
        else if ( x <10) y = 2 * x - 1; /*否则 x 大于等于且小于 10,则 y 的值设为 2x-1*/
```

```
    else y = 3 * x - 11;               / * 否则 y 的值设为 3x-11 * /
    printf("y=%d", y);
    return 0;
}
```

程序运行结果如图 3.15 所示。

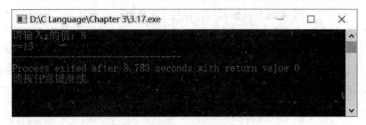

图 3.15　函数算法结果显示

【例 3.18】　公司员工的工资等于底薪加提成。已知员工的底薪 3500，利润 profit 与工资提成的关系：profit≤1000 无提成；1000<profit≤2000 提成 10%；2000<profit≤5000 提成 15%；5000<profit≤10000 提成 20%；10000<profit 提成 25%，根据利润打印员工工资。

此处可使用 if 语句嵌套，具体程序如下：

```
#include <stdio.h>
int main()
{
    float a=3500;          / * 定义底薪 500 * /
    int profit;            / * 定义利润 * /
    float b;               / * 定义实际工资 * /
    printf("输入工程利润:");
    scanf("%d", &profit);
    if(profit<=1000)
        b=a;
    else if(profit<=2000)
        b=a+profit * 0.1;
    else if(profit<=5000)
        b=a+profit * 0.15;
    else if(profit<=10000)
        b=a+profit * 0.2;
    else
        b=a+profit * 0.25;
    printf("员工工资为:%f", b);
    return 0;
}
```

程序运行结果如图 3.16 所示。

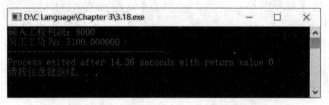

图 3.16　根据利润计算员工工资算法结果显示

　　尝试使用 switch 语句实现上面的程序，有如下思路：将利润 profit 与提成的关系换成某些整数和提成的关系，可以发现提成的变化点都是 1000 的整数倍，所以将利润除以1000，具体可采用如下语句：

　　　　profit＜＝1000：对应 0，1 提成 0

　　　　1000＜profit＜＝2000：对应 1，2 提成 10％

　　　　2000＜profit＜＝5000：对应 2，3，4，5 提成 15％

　　　　5000＜profit＜＝10000：对应 5，6，7，8，9，10 提成 20％

　　　　10000＜profit：对应 10，11 提成 25％

解决两个区间重叠问题，可将利润先减 1，再整除 1000 即可，具体可采用如下语句：

　　　　profit＜＝1000：对应 0 提成 0

　　　　1000＜profit＜＝2000：对应 1，提成 10％

　　　　2000＜profit＜＝5000：对应 2，3，4 提成 15％

　　　　5000＜profit＜＝10000：对应 5，6，7，8，9 提成 20％

　　　　10000＜profit：对应 10，11 提成 25％

程序如下所示：

```
#include <stdio.h>
int main()
{
    float a=3500;
    int profit;
    int symbol;
    printf("输入利润:");
    scanf("%ld",&profit);
    symbol=(profit-1)/1000;
    switch(symbol)
    {
        case 0: break;
        case 1: a+=profit*0.1;break;
        case 2:
        case 3:
        case 4: a+=profit*0.15;break;
        case 5:
        case 6:
        case 7:
```

```
            case 8：
            case 9：a+＝profit * 0.2；break；
            default：a+＝profit * 0.25；
        }
        printf("a=%.2f",a);
    }
```

运行结果与图 3.16 相同。

【**例 3.19**】　学校为同学的成绩做了以下等级区分(成绩都在 100～0 分内)，100～90 为 A 级，89～80 为 B 级，79～70 为 C 级，69～60 为 D 级，60 以下为 E 级。

```
    #include＜stdio.h＞
    int main()
    {
        int grade;
        printf("输入学生成绩(0～100):");
        scanf("%d",&grade);
        if(grade>=90)
            printf("该同学等级为:A\n");
        else if(grade>=80)
            printf("该同学等级为:B\n");
        else if(grade>=70)
            printf("该同学等级为:C\n");
        else if(grade>=60)
            printf("该同学等级为:D\n");
        else
            printf("该同学等级为:E\n");
        return 0;
    }
```

程序运行结果如图 3.17 所示。

图 3.17　根据成绩划分等级算法结果显示

该例题还可能 switch 语句实现，代码如下：

```
    #include＜stdio.h＞
    int main()
    {
        int grade;
        printf("请输入该同学成绩(0～100):");
```

```
    scanf("%d", &grade);
    switch (grade/10)
    {
        case 10：
        case 9：printf("该同学等级为：A"); break;
        case 8：printf("该同学等级为：B"); break;
        case 7：printf("该同学等级为：C"); break;
        case 6：printf("该同学等级为：D"); break;
        default：printf("该同学等级为：E\n");
    }
    return 0；
}
```

运行结果同图 3.17。

【例 3.20】　当 a 为正数时，将下面语句改为 switch 语句。

```
    if(a<30) m=1;
    else if(a<40) m=2;
    else if(a<50) m=3;
    else if(a<60) m=4;
    else m=5;
```

分析：a 的变化点转折是 10 的倍数，a<30 对应 3；a<40 对于 4，a<50 对应 5，a<60 对应 6。

```
    #include <stdio.h>
    void main()
    {
        int c,a,m；
        printf("输入一个数：");
        scanf("%d",&a);
        if(a<=0)
            c=-1;
        else
            c=a/10;
        switch(c)
        {
            case 0：
            case 1：
            case 2：m=1;break;
            case 3：m=2;break;
            case 4：m=3;break;
            case 5：m=4;break;
            default：m=5;
        }
        if(c! =-1)
```

```
            printf("m=％d\n",m);
        else
            printf("error\n");
    }
```

程序运行结果如图 3.18 所示。

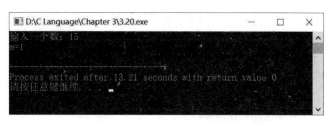

图 3.18 switch算法应用结果显示

3.3 循环结构程序设计

C语言提供了 for 语句、while 语句和 do while 语句 3 种循环语句。循环结构是结构化程序设计中非常重要的结构，它可以完成有规律的重复工作及任务，几乎所有的实用程序中都会包含循环结构。

3.3.1 for 循环结构

for 语句是 C 语言提供的功能强大、使用广泛的一种循环结构，不仅可以解决循环次数已知的循环问题，还适合解决循环次数未知的循环问题。

1. for 循环结构的一般形式

for 循环结构的一般形式为：

　　for(表达式 1；表达式 2；表达式 3)

　　循环体

其中，各语句的作用分别为：

(1) 表达式 1：初始值表达式，为循环控制变量设置初始值。

(2) 表达式 2：循环控制逻辑表达式，用于控制循环执行的条件，决定循环次数。

(3) 表达式 3：循环控制变量修改表达式。

(4) 循环体：重复执行的语句。

for 语句的执行流程如图 3.19 所示。

for 语句的执行过程如下：

第 1 步：计算表达式 1。

第 2 步：判断表达式 2，若其值为真(非 0)，则执行循环体语句，然后执行第 3 步；若其值为假(0)，结束循环，转到第 5 步执行。

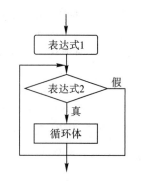

图 3.19 for 语句执行流程图

第 3 步：计算表达式 3。

第 4 步：返回第 2 步继续执行。

第 5 步：循环结束，继续执行 for 语句的下一条语句。

【例 3.21】　编写程序计算 s＝1＋2＋3＋…＋100 的值。

```
#include <bits/stdc++.h>
int main()
{
    int s=0,i;
    for (i=1;i<=100;i++)
    {
        s=s+i;  /* 不积跬步无以至千里 */
    }
    printf("s=%d",s);
    return 0;
}
```

程序运行结果如图 3.20 所示。

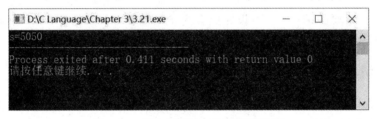

图 3.20　从 1 加到 100 算法结果显示

【例 3.22】　假设今年我国人口数为 13 亿，若按每年 1% 增长，计算从现在开始 10 年内每年人口的数量。

```
#include<stdio.h>
#include<math.h>
int main()
{
    int n=13,year;
    double number, rate = 0.01;
    for(year=1;year<=10;year++)
    {
        number = n * pow((1 + rate), year);
        printf("%2d 年后，人数为:%.2f 亿\n", year, number);
    }
    return 0;
}
```

程序运行结果如图 3.21 所示。

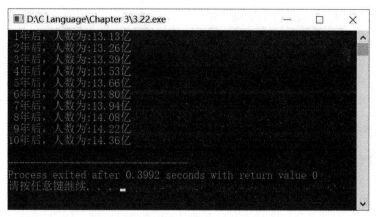

图 3.21　计算 10 年内人口算法结果显示

【**例 3.23**】　输入一个正整数 n，计算从 1 加到 n 的和。

程序设计思路：首先设计变量增量 i，存和变量 sum，必须设置 sum 的初始值为 0，sum＝sum＋i。

语句重复 n 次，同时 i 从 1 变到 n，就实现了从 1 累加到 n。

计数型循环的结构如下：

　　　表达式 1：

　　　循环变量赋初值：i

　　　表达式 2：

　　　循环条件：i＜＝n

　　　表达式 3：

　　　循环变量增量：i＋＋

　　　循环体语句：

　　　sum＝sum＋i

具体程序为：

```
#include<stdio. h>
int main()
{
    int i, n, sum;
    scanf_s("%d", &n);
    sum = 0;
    for (i = 1; i <= n; i++)
    sum = sum + i;
    printf("由 1 到%d 的和是:%d\n",n,sum);
    return 0;
}
```

程序运行结果如图 3.22 所示。

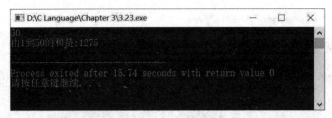

图 3.22 计算从 1 加到 n 算法结果显示

【例 3.24】 输入一个正整数，求 n! 的值。

```c
#include<stdio.h>
int main( )
{
    int i, n;
    int factorial;
    printf("输入 n 的值:");
    scanf("%d", &n);
    factorial = 1;
    for (i = 1; i <= n; i++)
        factorial = factorial * i;
    printf("%d! = %d\n", n, factorial);
    return 0;
}
```

程序运行结果如图 3.23 所示。

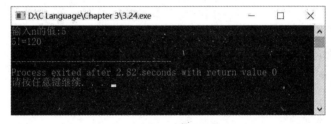

图 3.23 计算 n! 算法结果显示

2. for 语句的变形

(1) for 语句的一般形式中省略表达式 1，格式如下：

　　for(；表达式 2；表达式 3)

　　　　循环语句；

说明：省略表达式 1 时，可以将循环变量赋初值放在 for 之前。注意，此时不能省略第一个分号；。

以求从 1 加到 100 为例：

　　i=1;

　　for (；i<=100;i++)

　　{

```
        s=s+i;
    }
```

（2）for 语句的一般形式中省略表达式 2，格式如下：

　　for(表达式 1；；表达式 3)
　　循环语句；

以求从 1 加到 100 为例：

```
#include <bits/stdc++.h>
int main()
{
    int i,s=0;
    for (i=1;;i++)
        {
            if (i<=100)
                s=s+i;
            else
                break;    /*不满足条件,退出循环*/
        }
    printf("%d",s);
    return 0;
}
```

（3）for 语句的一般形式中省略表达式 3，格式如下：

　　for(表达式 1；表达式 2；)
　　循环语句；

以求从 1 加到 100 为例：

```
#include <bits/stdc++.h>
int main()
{
    int i,s=0;

    for (i=1;i<=100;)
        {
            s=s+i;
            i++;
        }
    printf("%d",s);
    return 0;
}
```

（4）for 语句的一般形式中表达式 1 和表达式 3 也可以是逗号表达式。
例如：

```
#include <bits/stdc++.h>
int main()
{
```

```
        int i,j;
        for (i=1,j=10;i<=j;i++,j——)
        {
            printf("i=%d,j=%d\n",i,j);
        }
        return 0;
    }
```

程序运行结果如图 3.24 所示。

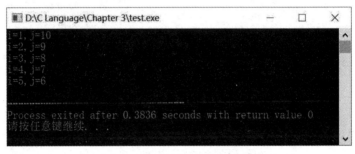

图 3.24　for 的变形举例算法结果显示

(5) for 语句的一般形式中循环体语句可以省略，例如：

for(sum=0,i=1;i<=100;sum=sum+i,i++)

上述 for 语句的循环体为空语句，实际上已把累加和的运算放入到表达式 3 中了。

【**例 3.25**】　输入 10 个数，输出其中最大的数。

```
    #include<stdio.h>
    int main()
    {
        int i;
        float x, max;
        printf("输入第 1 个数:");
        scanf("%f", &x);
        max = x;
        for (i = 2; i <= 10; i++)
        {
            printf("请输入第%d 个数:", i);
            scanf("%f", &x);
            if (x > max)
            max = x;
        }
        printf("10 个数的最大值是:%.0f",max);
        return 0;
    }
```

程序运行结果如图 3.25 所示。

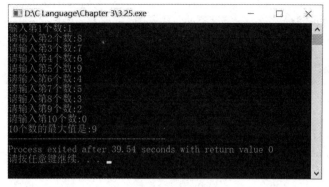

图 3.25　输出 10 个数中最大数算法结果显示

【例 3.26】　输出所有的水仙数（水仙数的特点是三位数中百位数字的立方、十位数字的立方与个位数字的立方之和等于三位数本身）。

```c
#include<stdio.h>
int main()
{
    int number, a, b, c;
    for(number=100;number <=999;number++)
    {
        a = number / 100;
        b= number%100 / 10;
        c= number % 10;
        if (number == a * a * a + b * b * b + c * c * c)
            printf("%5d", number);
    }
    return 0;
}
```

程序运行结果如图 3.26 所示。

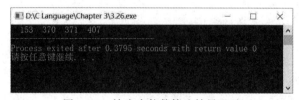

图 3.26　输出水仙数算法结果显示

【例 3.27】　输出 100 以内的完数。完数即所有的真因子（除了自身以外的约数）的和恰好等于它本身的正整数。

```c
#include<stdio.h>
int main()
{
    int number, sum, i,j;
    for (i=1;i<=100;i++)
```

```
            {
                sum=0;
                for (j=1;j<=i-1;j++)
                {
                    if (i%j==0)
                    sum=sum+j;
                }
                if (i==sum)
                printf("%d   ",i);
            }
        return 0;
    }
```

程序运行结果如图 3.27 所示。

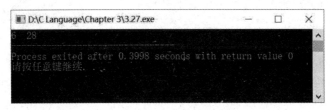

图 3.27　输出 100 以内完数算法结果显示

【例 3.28】　统计由键盘输入的 20 个字符中，大写英文字母、小写英文字母、数字字符和其它字符的个数。

```
# include<stdio. h>
int main( )
{
    int upper,lower,digit,i,other;
    char ch;
    upper = lower = digit = other = 0;
    printf("输入 20 个字符: ");
    for (i = 1; i <= 20; i++)
    {
        ch = getchar();
        if (ch >= 'a' && ch <= 'z')
            lower++;
        else if (ch >= 'A' && ch <= 'Z')
            upper++;
        else if (ch >= '0' && ch <= '9')
            digit++;
        else
            other++;
    }
    printf("小写字母%d 个, 大写字母%d 个, 数字%d 个, 其它字符%d 个\n", upper,
```

```
        lower, digit,other);
    return 0;
}
```

程序运行结果如图 3.28 所示。

图 3.28　统计不同字符个数算法结果显示

【例 3.29】　由键盘输入三个数字，将其组合成一个整型数并输出。

```
#include<stdio. h>
int main()
{
    int n = 0, i;
    char ch;
    printf("输入三个数字:");
    for(i=1;i<=3;i++)
    {
        scanf("%c", &ch);
        n = n * 10 + ch - '0';  /* ch-'0'将字符型数字转换成数字 */
    }
    printf("%d\n", n);
    return 0;
}
```

程序运行结果如图 3.29 所示。

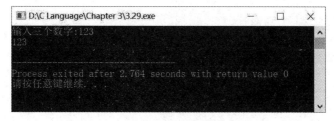

图 3.29　数字字符转数值算法结果显示

【例 3.30】　由键盘输入一个正整数，判断其是否为素数。

```
#include<stdio. h>
int main()
{
    int i,flag,num;
```

```
        printf("输入一个正整数：");
        scanf("%d", &num);
        flag = 1;
        for (i = 2; i <= num - 1 && flag; i++)
            if (num % i == 0)
                flag = 0;
        if (flag)
            printf("%d 是素数\n", num);
        else
            printf("%d 不是素数\n", num);
        return 0;
    }
```

程序运行结果如图 3.30 所示。

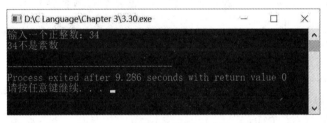

图 3.30　素数判断算法结果显示

3. 循环的嵌套

一个循环体内含有循环结构，称为循环的嵌套。嵌套在循环体内的循环体称为内循环，外面的循环称为外循环。

【例 3.31】　打印九九乘法表。

```
    #include<stdio.h>
    int main()
    {
        int i, j;
        for (i = 1; i < 10; i++)
        {
            for (j = 1; j <= i; j++)
            {
                printf("%d * %d=%-3d ", j, i, i * j);
            }
            printf("\n");
        }
        return 0;
    }
```

程序运行结果如图 3.31 所示。

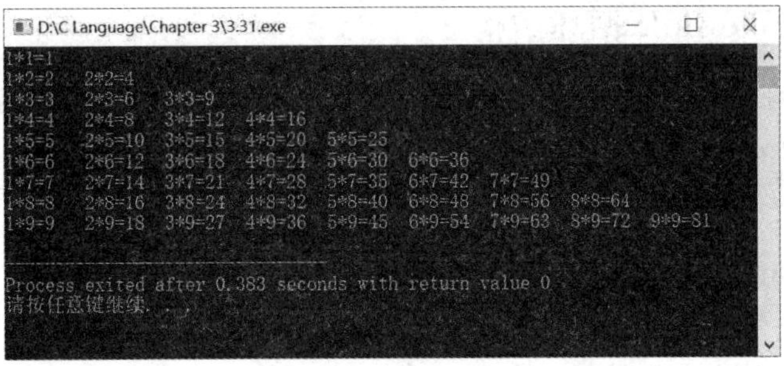

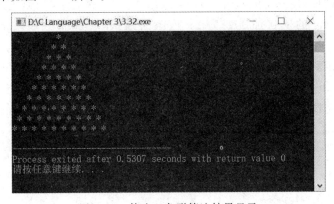

图 3.31　九九乘法表打印算法结果显示

【例 3.32】　编写程序用 * 符号组合成等边三角形。

```c
#include <bits/stdc++.h>
int main()
{
    int i,j,k;
    for (i=0;i<10;i++)
    {
        for (j=9;j>i;j--)
        {
            printf(" ");
        }
        for (k=0;k<=i;k++)
        {
            printf(" * ");
        }
        printf("\n");
    }
    return 0;
}
```

程序运行结果如图 3.32 所示。

图 3.32　等边三角形算法结果显示

3.3.2 while 和 do while 循环结构

前面已经比较详细地介绍了 for 循环结构，这一节将介绍 while 和 do while 循环结构，并且了解它们之间的细微差别。

1. whlie 循环

while 循环语句的语法结构如下：

```
while（条件表达）
{
    /* 循环体 */
}
```

while 是 C 语言的一个关键字，其后是使用一个小括号中的条件表达式作为执行循环的条件，也就是说，当条件表达式的结果为真时执行大括号里面的程序内容，而当条件表达式的结果为假时不执行大括号中的内容。其实这与 if 语句的语法有些类似，当条件表达式为真时 if 后的执行程序只执行一次，区别在于，while 会一直循环执行语句，直到条件表达式的结果为假时结束。

下面是关于 whlie 循环的简单例子，显示一个星期的日期：

```
int day = 1;
while（day < 8）
{
    printf("星期%d\n", day);
    day++;
}
```

上述程序中 while 语句的条件表达式为 day <8，也就是说当 day 的值小于 8 时，程序会循环执行大括号中的内容（循环体）。循环体中有两条语句，第一条语句是执行一个标准输出，显示 day 的值，而第二条语句 day++ 表示将 day 的值在原来的基础上加 1，当这条语句执行后，程序又将回到条件表达中进行判断，如果为真则继续循环，如果为假则结束循环。

程序的执行过程为：day 的初始值为 1，满足 day<8 的条件，所以进入第一次循环，显示星期一，并将 day 的值自加 1 变为 2；程序回到 while 条件判断，day 的值为 2 满足 day<8 的条件，进入第二次循环，显示星期二，并将 day 的值自加 1 变为 3；程序再次回到条件判断……如此重复执行 7 次，直到 day 的值自加 1 变为 8，不满足 day <8 的条件，不再进入循环体，while 循环语句结束。此处可以思考：如何改变程序，使得显示星期七的时候程序显示为星期日。

【例 3.33】 输入一个正整数 n，计算 n! 的值。

```
#include<stdio.h>
int main()
{
    int i;
    int n, fact;
```

```
        i = 2;
        fact = 1;
        printf("请输入 n 的值:");
        scanf("%ld", &n);
        while(i<=n)
        {
            fact = fact * i;
            i = i + 1;
        }
        printf("%d! = %d\n",n,fact);
        return 0;
    }
```

程序运行结果如图 3.33 所示。

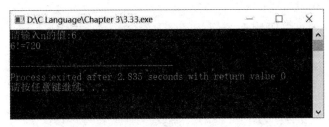

图 3.33　while 计算 n! 算法结果显示

2. do while 循环

与 while 循环类似，do while 循环同样是用于完成程序循环的一种方式，它的基本用法如下：

```
    do
    {
        / * 循环体 * /
    }
    while(条件表达式);
```

可以注意到 do while 循环与 while 循环类似的地方是它同样有循环体和条件表达式，但执行顺序与 while 不同，do while 是先执行一次循环体之后再进行条件判断。

注意，在 do while 语句的条件判断后要加上一个分号";"表示语句的结束。此处还是用显示一个星期日期的例子来学习这个语法。

```
    int day = 1;
    do
    {
        printf("%d\n", day);
        day++;
    }while (day < 8);
```

程序的执行过程为：首先进入第一次循环显示 1 并将 day 的值加 1，然后做条件判断

day 的值为 2，于是 day <8 的结果为真，返回到 do 后面的循环体进入下一次循环……直到 day 的值为 8 时，day <8 的结果为假，结束循环。

3. while 循环和 do while 循环的差别

do while 语句在执行时，无论条件表达式的结果是真还是假，都会执行一次循环体，然后再进行条件判断。以下面两段程序为例，它们的执行结果是不一样的。

使用 while 执行循环：

```
int i = 0;
while (i < 0)
{
    i++;
    printf("%d\n", i);
}
```

上述程序执行 0 次循环，没有运行结果。

而使用 do while 执行循环：

```
int i = 0;
do
{
    i++;
    printf("%d\n", i);
}
while (i < 0);
```

上述程序执行 1 次循环，运行结果为 1。

【例 3.34】 求两个自然数的最大公约数和最小公倍数。

```
#include <bits/stdc++.h>
int main()
{
    int a, b, r, n, m;
    printf("请输入两个整数:");
    scanf("%d%d", &a, &b);
    m = a, n = b;
    do
    {
        r = a % b;
        a = b;
        b = r;
    } while (r != 0);
    printf("%d 和 %d 的最大公约数是:%d\n", m, n, a);
    printf("最小公倍数是:%d", m * n / a);
    return 0;
}
```

程序运行结果如图 3.34 所示。

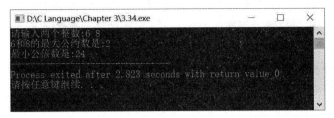

图 3.34　求两个数的最大公约数和最小公倍数算法结果显示

【**例 3.35**】　输入一个整数，统计该数的位数。

```c
#include<stdio.h>
int main()
{
    long n,m;
    int count = 0;
    printf("请输入一个整数:");
    scanf("%ld",&n);
    m =  n;
    if (n < 0)
    n = -n;
    do
    {
        n = n / 10;
        count++;
    } while (n != 0);
    printf("整数%ld 有%d 位数\n",m,count);
    return 0;
}
```

程序运行结果如图 3.35 所示。

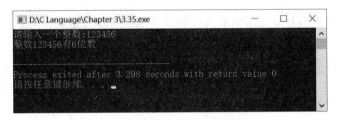

图 3.35　统计整数的位数算法结果显示

4. 改变循环结构的跳转语句

当循环结构中出现多个循环条件时，要求当某个条件满足时会立刻结束循环，或者根据条件循环结构会跳过某些语句继续循环，这就要在循环结构中配合使用 break 语句和 continue 语句。

当 break 语句用于循环语句中时，可使程序终止循环而转去执行循环语句的后续语句。通常 break 语句总是与 if 语句一起配合使用，即满足条件时便跳出循环。

continue 语句的作用是跳过循环体中 continue 后面的语句，继续下一次循环。continue 语句只能用在循环语句中，常与 if 语句一起使用。

【例 3.36】 分析下面的程序结果。

```c
#include<stdio.h>
int main()
{
    int i = 5;
    do
    {
        if (i % 3 == 1)
        if (i % 5 == 2)
        {
            printf("%d", i);
            break;
        }
        i++;
    } while (i != 0);
    return 0;
}
```

程序运行结果如图 3.36 所示。

图 3.36　算法运行分析结果显示

【例 3.37】 编写程序，由键盘输入一个正整数，判断其是否为素数。

程序中结束 for 循环的条件有两个：一是 i>m；二是 break 语句。

若 i>m，说明 for 循环正常结束，则 n 一定是素数。若遇到 break 语句，说明循环中条件 n%i=0 成立，n 能被某个数 i 整除，执行 break 语句退出循环，此时 i<=m，n 一定不是素数。具体程序如下：

```c
#include <bits/stdc++.h>
int main()
{
    int n, m, i;
    printf("请输入一个正整数:");
    scanf("%d", &n);
    m = sqrt(n);
    for (i = 2; i <= m; i++)
```

```
        if ( n % i == 0)
            break;
    if (i > m)
        printf("%d 是素数！\n", n);
    else
        printf("%d 不是素数！\n", n);
    return 0;
}
```

程序运行结果如图 3.37 所示。

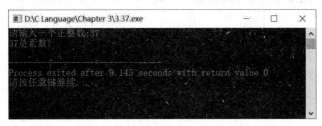

图 3.37　素数判断算法结果显示

【例 3.38】　从键盘输入一批学生的成绩（以负数作为结束标志），计算平均分，并统计不及格成绩的个数。

```
# include<stdio. h>
int main()
{
    int num, n;
    float score, total = 0;
    num = 0; n = 0;
    while (1)
    {
        printf("请输入分数＃%d(0~100):", n + 1);
        scanf("%f", &score);
        if (score < 0)
            break;
        if (score < 60)
            num++;
        total = total + score;
        n++;
    }
    printf("平均分数是:%.2f. \n", total/n);
    printf("不及格的有:%d. \n", num);
    return 0;
}
```

程序运行结果如图 3.38 所示。

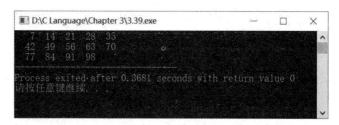

图 3.38　学生成绩统计算法结果显示

【例 3.39】　把 1～100 之间能被 7 整除的数，以每行 5 个的形式在屏幕上输出。

```
# include＜stdio. h＞
int main()
{
    int i,n＝1;
    for (i = 1; i ＜= 100; i++)
    {
        if (i % 7 ! = 0)
            continue;
        printf("%4d", i);
        if (n++ % 5 == 0)
            printf("\n");
    }
    return 0;
}
```

程序运行结果如图 3.39 所示。

图 3.39　100 以内能被 7 整除的所有数算法结果显示

【例 3.40】　分析下面程序的运行结果。

```
# include ＜bits/stdc++. h＞
int main()
{
    int n, s = 0;
    n = 1;
    while(n ＜ 10)
```

```
    {
        s = s + n;
        if (s > 5)
            break;
        if (n % 2 == 1)
            continue;
        n++;
    }
    printf("s=%d,n=%d\n", s, n);
    return 0;
}
```

程序运行结果如图 3.40 所示。

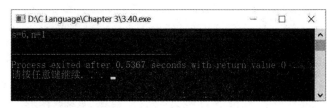

图 3.40　算法分析结果显示

5. goto 语句

语句标号是一个有效的标识符，使用时在语句标号的后面跟一个";"，位于函数中某语句的前面。程序执行到 goto 语句时，会控制跳转到该语句标号处，达到控制循环的目的。注意，语句标号必须与 goto 语句处于同一个函数中。通常 goto 语句与 if 语句连用实现循环控制。大型程序中由于 goto 语句可能存在一些不合理的使用情况，会破坏程序结构，所以结构化程序中，不建议使用 goto 语句。

【例 3.41】　使用 goto 语句计算 sum=n 的值。

```
#include <bits/stdc++.h>
int main()
{
    int i,sum;
    i = 1; sum = 0;
loop:if(i<=100)
    {
        sum = sum + i;
        i = i + 1;
        goto loop;
    }
    printf("sum=%d\n", sum);
    return 0;
}
```

程序运行结果如图 3.41 所示。

图 3.41　使用 goto 语句实现 1 加到 100 算法结果显示

【例 3.42】　将 10～20 的正整数分解质因数。

```c
#include <bits/stdc++.h>
int main()
{
    int i, n, m;
    for(m=10;m<=20;m++)
    {
        n = m,i = 2;
        printf("%d=", n);
        do
        {
            if (n % i == 0)
            {
                printf("%d * ", i);
                n = n / i;
            }
            else
                i++;
        } while (n != i);
        printf("%d\n", n);
    }
    return 0;
}
```

程序运行结果如图 3.42 所示。

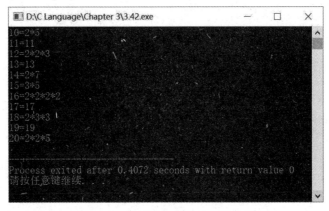

图 3.42　质因数分解算法结果显示

拓展阅读3

【例 3.43】　猜数字游戏：由计算机随机产生一个 10～80 的数，然后由用户进行猜数，在 5 次之内猜中则成功，否则给出大小提示。猜 5 次之后结束程序。

```c
# include <bits/stdc++.h>
int main()
{
    int m, n, count = 0;
    m = rand() %71 + 10;
loop:
    printf("请输入一个 10～80 的数:");
    while (1)
    {
        scanf("%d", &n);
        count++;
        if (m == n)
        {
            printf("踏破铁鞋无觅处，得来全不费工夫\n");
            break;
        }
        else if (m > n && count < 5)
            printf("会当凌绝顶，一览众山小\n");
        else if(m < n && count < 5)
            printf("飞流直下三千尺，疑是银河落九天\n");
        if(count==5)
        {
            printf("为山九仞，功亏一篑\n 这个数是:%d,结束! \n", m);
            break;
        }
        goto loop;
        return 0;
    }
}
```

程序运行结果如图 3.43 所示。

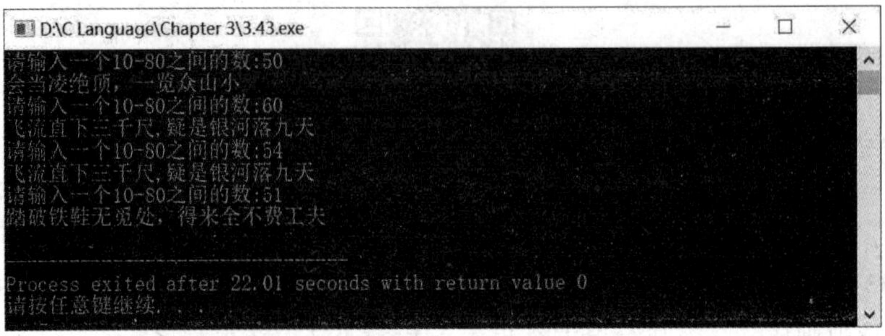

图 3.43　猜数字游戏算法结果显示

本 章 小 结

本章介绍了 C 语言程序的顺序结构、选择结构、循环结构 3 种程序设计结构，介绍了数据的输入和输出函数、if 和 switch 语句以及 for 循环和 while 循环结构。

习　　题

一、选择题

1. 以下说法正确的是（　　）。
   - A. scanf("%f",9.5);语句正确
   - B. 只有格式控制，没有输入项，也能进行正确输入
   - C. 当输入一个实型数据时，格式控制部分应规定小数点后的位数，如 scanf("%4.2f",&f)
   - D. 当输入数据时，必须指明变量的地址

2. 根据下面程序说明，程序中输入语句的正确形式应该为（　　）。

   ```
   main()
   {char c1,c2,c3;
   输入语句
   printf("%c%c%c",c1,c2,c3);
   }
   ```

   输入形式：a□B□c
   输出形式：a□B
   - A. scanf("%c%c%c",&ch1,&ch2,&ch3);
   - B. scanf("%c,%c,%c",&ch1,&ch2,&ch3);
   - C. scanf("%c %c %c",&ch1,&ch2,&ch3);
   - D. scanf("%c%c",&ch1,&ch2,&ch3);

3. 有输入语句：scanf("a=%d,b=%d,c=%d",&a,&b,&c);，为使变量 a 的值为 1，b 为 3，c 为 2，从键盘输入数据的正确形式应当是（　　）。
   - A. 132
   - B. 1,3,2

C. a=1□b=3□c=2　　　　　　　　D. a=1,b=3,c=2

4. 以下能正确地定义整型变量 a，b 和 c 并为其赋初值 7 的语句是（　　）。

A. int a＝b＝c＝7；　　　　　　　　B. int a,b,c＝7；

C. int a＝7,b＝7,c＝7；　　　　　　D. a＝b＝c＝7；

5. 已知 x＝43，ch＝'A'，y＝0；则表达式(x＞＝y&&ch＜'B'&&！y)的值是（　　）。

A. 0　　　　　　B. 语法错误　　　　C. 1　　　　　　D. "假"

6. 若希望当 A 的值为奇数时，表达式的值为"真"，A 的值为偶数时，表达式的值为"假"，则以下不能满足要求的表达式是（　　）。

A. A％2＝＝1　　B. ！(A％2＝＝0)　　C. ！(A％2)　　D. A％2

7. 设有 int a＝1，b＝2，c＝3，d＝4，m＝2，n＝2；执行(m＝a＞b)&&(n＝c＞d)后 n 的值为（　　）。

A. 1　　　　　　B. 2　　　　　　C. 3　　　　　　D. 4

8. 以下程序的运行结果是（　　）。

```
# include ＜stdio. h＞
main()
{
    int a,b,d＝241；
    a＝d/100％9；
    b＝(－1)&&(－1)；
    printf("％d,％d",a,b)；
}
```

A. 6,1　　　　　　B. 2,1　　　　　　C. 6,0　　　　　　D. 2,0

9. 设有程序段：

```
int k＝10；
while(k＝0) k＝k－1；
```

则下列描述中正确的是（　　）。

A. while 循环执行 10 次　　　　　　B. 循环是无限循环

C. 循环体语句一次也不执行　　　　　D. 循环体语句执行一次

10. 设有以下程序段：

```
int x＝0,s＝0；
while(！x！＝0) s＋＝＋＋x；
printf("％d",s)；
```

则（　　）。

A. 运行程序段后输出 0　　　　　　B. 运行程序段后输出 1

C. 循环的控制表达式不正确　　　　　D. 程序段执行无限次

二、填空题

1. 下列程序的运行结果是_____。

```
main()
{
    int x＝10,y＝3；
```

```
        printf("%d\n",y=x/y);
    }
```

2. 下列程序段的输出结果是_____。
```
    int a=1, b=2,c;
    c=a/b;
    printf("c=%d\n",c);
```

3. 执行以下语句后 a 的值为_____，b 的值为_____。
```
    int a,b,c;
    a=b=c=1;
    ++a||++b&&++c;
```

4. 以下程序的运行结果是_____。
```
    main()
    {
        int m=5;
        if(m++>5) printf("%d", --m);
        else printf("%d",m++);
    }
```

5. 下列程序的功能是将从键盘输入的一对数，由小到大排序输出。当输入一对相等数时结束循环，试填空。
```
    #include <stdio.h>
    main()
    {
        int a,b,t;
        scanf("%d%d",&a,&b);
        while(_____)
        {
            if (a>b)
                {t=a;a=b;b=t;}
            printf("%d,%d\n",a,b);
            scanf("%d%d",&a,&b);
        }
    }
```

6. 下列程序的功能是从键盘输入的一组字符中统计出大写字母的个数 m 和小写字母的个数 n，并输出 m 和 n 中的较大者，试填空。
```
    #include "stdio.h"
    main()
    {
        int m=0,n=0;
        char c;
        while ((_____) != '\n')
        {
            if(c>='A'&&c<='Z') m++;
```

```
        if (c>='a'&&c<='z') n++;
    }
    printf("%d",m<n? );
}
```

7. 下列程序的功能是在输入一批正整数中求出最大者,输入 0 结束循环,试填空。

```
#include "stdio. h"
main()
{
    int a,max=0;
    scanf("%d",&a);
    while (_____)
    {
        if (max<a) max=a;
        scanf("%d",&a);
    }
    printf("%d",max);
}
```

三、编程题

1. 编写程序,输入 1 个整数,判断它是奇数还是偶数。

2. 编写程序,输入 3 个数 a、b 和 c,输出最大数。

3. 计算级数和 $1/(1*3)+2/(3*5)+3/(5*7)+\cdots+n/((2*n-1)*(2*n+1))$。

4. 计算级数和 $1+2!+3!+4!+5!$。

第四章　数　　组

在 C 语言程序设计过程中，通常使用数组把具有相同类型的若干变量有序组织起来。这些按一定顺序排列的同类型数据元素的集合称为数组。在 C 语言中，数组属于构造数据类型，它可以被分解成若干个数组元素，而这些数组元素可以是基本数据类型，也可以是构造类型。按数组元素的类型划分，数组可分为数值数组、字符数组、指针数组、结构体数组等多种类型。本章主要介绍数值数组和字符数组的定义及使用方法。

4.1　一　维　数　组

4.1.1　一维数组的定义

在 C 语言中规定，数组必须先定义再使用。一维数组定义方式为：

　　　　类型说明符　数组名[整型常量或常量表达式]；

其中，类型说明符是前面章节介绍的 int、char、float、double 等基本数据类型以及后面章节会介绍的构造数据类型。

数组名是用户定义的数组标识符，其命名规则与基本变量名一致。

常量表达式由中括号标明，表示数据元素的个数，也称为数组的长度，可以是一个大于等于 1 的整数、符号常数或常量表达式。

例如：

```
int arr[5];              /*定义数组名为 arr、每个元素类型都是整型、共有 5 个元素的数组*/
#define LEN 100          /*定义宏常量 LEN，其值为 100*/
float arr1[LEN],arr2[LEN+10];    /*可以使用符号常数和常量表达式来定义数组*/
char ch[8];              /*定义数组名为 ch、每个元素类型都是字符型、共有 8 个元素的数组*/
```

对于数组定义应注意以下几点：

（1）数组名的书写规则应符合标识符的书写规定，在前面章节已做介绍。

（2）数组名不能与其它变量名相同，如对于 int arr,arr[5];系统会报错。

（3）数组的类型代表了其中每个元素的值类型，即同一个数组，其元素数据类型均相同。

（4）中括号中的常量表达式表示数组元素的个数，但其下标从 0 开始计算，因此 int arr[5];定义完成后，其元素分别为 arr[0]，arr[1]，arr[2]，arr[3]，arr[4]。

（5）中括号内的表达式可以是符号常数或常量表达式，但不能是变量。

例如，下述程序表达是合法的：

```
# define LEN 100
main()
{
    int a[LEN],b[LEN+100];
    ...
}
```

但是下述说明方式则是错误的：

```
main()
{
    int len=100;
    int a[len],b[len+100];
    ...
}
```

（6）允许在同一个类型说明中，同时定义多个变量和数组。

例如：

```
float f1, f2, arr1[8], arr2[10];
```

4.1.2 一维数组的初始化

与基本类型的变量一样，数组定义完成后，可以对其进行数据初始化操作，使数组中若干个元素获得相应的值，以满足程序对数组元素的引用。

给数组赋值的方法可以使用赋值语句，也可采用初始化赋值的方法。

数组初始化赋值可简称为初始化，是指在定义的同时给数组元素赋予初值。数组初始化在编译阶段进行，这样的程序运行时间短，执行效率高。初始化赋值的形式为：

类型说明符 数组名[整型常量或常量表达式]={值1，值2，…，值n}；

其中，使用大括号将数据值集合括起来，而{ }中的数据值即为若干元素的初值，各值之间用逗号间隔。

例如：

```
int arr[5]={ 10,11,12,13,14 }; //其中 arr[0]到 arr[4]的值分别为 10,11,12,13,14
```

C 语言对数组的初始化包括以下几点说明：

（1）可以只给部分元素赋初值。

当大括号中值的个数少于元素总个数时，只给靠左边的部分元素赋值，例如：

```
int arr[5]={ 10, 11, 12 };
```

表示只给 arr[0]到 arr[2]分别赋值 10,11,12,而后 2 个整形元素自动赋值 0。

（2）只能给元素逐个赋值，不能给数组整体赋值。

例如，给 5 个元素全部赋值 1，只能写为：

```
int arr[5]={1, 1, 1, 1, 1};
```

而不能写为：

```
int arr[5]=1;
```

（3）给全部元素初始化赋值时，数组元素的个数可以不写。

例如：

```
int arr[5]={ 10, 11, 12, 13, 14 };
```

可写为：

```
int arr[]={ 10, 11, 12, 13, 14 };
```

4.1.3　一维数组元素的引用

C 语言规定数组必须先定义后使用，且只能逐个引用数组元素而不能一次引用所有元素。这是因为数组元素也被称为下标变量，是组成数组的基本单元，而每个数组元素就是一个变量，其使用方法与同类型的变量一样。

数组元素的表示形式为：

数组名[下标]

其中，下标可以是整型常量或变量表达式，这与定义时的常量表达式不同。结合前面的例子：

```
int arr[5]={10, 11, 12, 13, 14};
```

使用 arr[2]，a[i+j]，a[i++]（其中 i，j 都是整型变量）引用上述数组的元素都是正确的形式。

例如，输出上述 arr 数组中元素的值，可以写 5 条单独语句或使用循环语句逐个输出各元素的值，而不能用一条语句输出整个数组。下面的输出语句就是错误的：

```
printf("%d", arr);
```

【例 4.1】　数组的定义与元素引用。

```
#include <stdio.h>
#define LEN 5
void main()
{
    int i, arr1[LEN];   /*定义一个整型变量 i,同时定义一个具有 5 个元素(LEN 在编译阶
                          段被 5 替换)的整型数组,下标从 0 到 4*/
    int arr2[5]={10, 11, 12, 13, 14};   /*定义一个具有 5 个元素的整型数组,并将 a[0]到
                                          a[4]分别初始化为 10, 11, 12, 13, 14*/
    arr1[0]=0;arr1[1]=1;arr1[2]=2;arr1[3]=3;arr1[4]=4;   /*引用数组中的每个元素,
                                                           并分别赋值*/
    for(i=0;i<=4;i++)
    printf("%d", arr1[i]);       /*通过 for 循环语句打印 arr1 数组中的所有元素*/
    printf("%d ", arr2[0]);      /*通过单条打印语句,输出数组元素 arr2[0]的值*/
    printf("%d ", arr2[1]);      /*通过单条打印语句,输出数组元素 arr2[1]的值*/
    printf("%d ", arr2[2]);      /*通过单条打印语句,输出数组元素 arr2[2]的值*/
    printf("%d ", arr2[3]);      /*通过单条打印语句,输出数组元素 arr2[3]的值*/
    printf("%d ", arr2[4]);      /*通过单条打印语句,输出数组元素 arr2[4]的值*/
}
```

运行结果如图 4.1 所示。

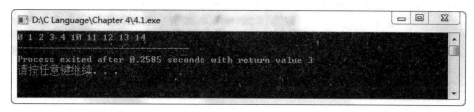

图 4.1 打印数组元素结果显示

例 4.1 说明了数组定义、初始化以及引用的多种形式，并且可以明确地看到，使用循环语句可以实现对数组的快速访问，减少代码的复杂性。

【例 4.2】 数组元素作为普通变量应用。

```
#include <stdio.h>
#define LEN 5
void main()
{
    int i, arr1[LEN];          /*定义一个整型变量 i，同时定义一个具有 5 个元素（LEN 在编
                                 译阶段被 5 替换）的整型数组，下标从 0 到 4*/
    int arr2[5]={10, 11, 12, 13, 14};   /*定义一个具有 5 个元素的整型数组，并将 a[0]到
                                          a[4]分别初始化为 10，11，12，13，14*/
    for(i=0;i<5;i++)
        arr1[i]=arr2[i]*2;     /*使用循环语句对数组进行快速赋值*/
    for(i=4;i>=0;i--)
        printf("%d \n", arr1[i]);   /*使用循环语句反向输出整型数组的值*/
}
```

运行结果如图 4.2 所示。

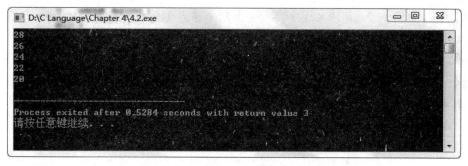

图 4.2 使用循环语句操作数组结果显示

例 4.2 说明单个数组元素可以当作普通变量使用，与循环语句配合，数组更能发挥其访问效率高的特点。

4.1.4 一维数组程序举例

程序执行过程中，可以对数组进行动态赋值。通过循环语句配合 scanf()函数逐个对数组元素赋值是数组动态赋值的典型应用。

【例 4.3】　使用数组实现求 5 个整数中的最大值。

```
# include <stdio. h>
void main()
{
    int i, max;                          / * 定义整型变量 i 作为计数器变量，max 存储最大值 * /
    int arr[5];
    printf("请输入 5 个整数:\n");
    for(i=0;i<5;i++)
        scanf("%d", &arr[i]);    / * 使用 scanf 函数进行动态赋值 * /
    max=arr[0];
    for(i=1;i<5;i++)
        if(arr[i]>max)
        max=arr[i];
    printf("数组中最大的整数是%d\n", max);
}
```

运行结果如图 4.3 所示。

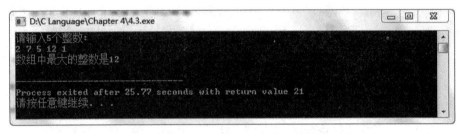

图 4.3　使用循环及赋值语句动态赋值结果显示

本例程序中第一个 for 语句逐个将 5 个整数值输入到数组 arr 中，然后假设 a[0]是最大值暂时存入 max 中；在第二个 for 语句中，从 a[1]到 a[4]逐个与 max 中的内容比较，若比 max 的值大，则把该下标对应的变量存入 max 中，因此比较完所有数组元素后，max 保存的是数组元素中的最大值。比较结束后，输出 max 的值。

【例 4.4】　使用数组为当前数组赋值。

```
# include <stdio. h>
void main()
{
    int i, j, arr1[5]={1, 2, 3, 4, 5}, arr2[5]={0};
    printf("\n 数组 arr2 所有元素的初始值为:\n");
    for(i=0;i<5;i++)
        printf("%-5d", arr2[i]);
    for(i=0;i<5;i++)
        arr2[i]=arr1[i];
    printf("\n 数组 arr2 在被 arr1 赋值后所有元素的值为:\n");
    for(i=0;i<5;i++)
```

```
        printf("%-5d", arr2[i]);
    }
```

运行结果如图 4.4 所示。

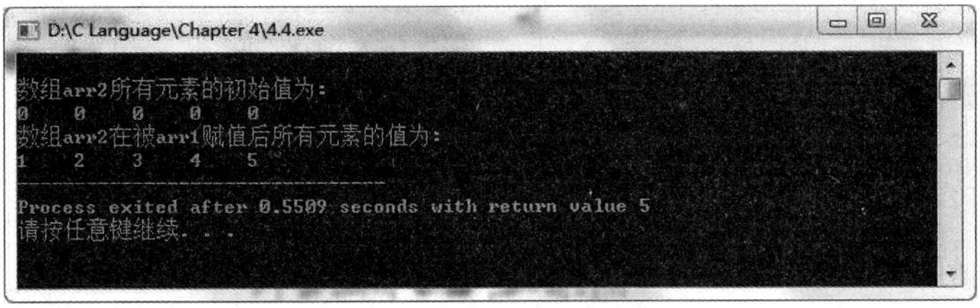

图 4.4　使用数组元素给另一个数组赋值结果显示

本例程序中使用了 for 循环对两个整型数组进行赋值操作，其中 arr2 的初始值全都为 0，而 arr1 在定义的过程中直接初始化为 1、2、3、4、5。在经过 for 循环的赋值运算后，arr2 的元素值对应变成 arr1 中的值。由此可见，数组中的每个元素的使用方法与同类型的单个变量是相同的，但数组可以与循环语句结合，进行"批量"处理。

4.2　二 维 数 组

4.2.1　二维数组的定义

第一节介绍的数组有一个下标，称为一维数组，其数组元素也称为单下标变量。本节介绍的数组有两个下标，称为二维数组，其数组元素也称为双下标变量。在实际问题中有很多量是二维甚至多维的，而 C 语言允许构造一维、二维以及多维数组。读者可通过二维数组与一维数组的关系及使用方法推广到多维数组，此处不再赘述。

二维数组定义的一般形式是：

类型说明符　数组名[常量表达式 1][常量表达式 2]

其中，常量表达式 1 表示第一维下标的长度，常量表达式 2 则表示第二维下标的长度。例如：

```
    int a[5][5];
```

上述程序定义了一个 5 行 5 列的数组，数组名为 a，其下标变量的类型与一维数组一样，均为整型。该数组的下标变量共有 5×5 个，即

a[0][0], a[0][1], a[0][2], a[0][3], a[0][4]

a[1][0], a[1][1], a[1][2], a[1][3], a[1][4]

a[2][0], a[2][1], a[2][2], a[2][3], a[2][4]

a[3][0], a[3][1], a[3][2], a[3][3], a[3][4]

a[4][0], a[4][1], a[4][2], a[4][3], a[4][4]

二维数组在概念上是二维的，即其下标在两个方向上变化，下标变量在数组中的位置

也处于一个平面之中，而不是像一维数组只是一个向量。但是，实际的硬件存储器却是连续编址的，也就是说存储器单元是按一维线性排列的。在一维存储器中存放二维数组有两种方式：一种是按行排列，即放置完一行数组之后顺次放入第二行；另一种是按列排列，即放置完一列之后再顺次放入第二列。在 C 语言中，二维数组是按行排列的，即先存放 a[0]行，再存放 a[1]行，最后存放 a[2]行。每行中有 4 个元素也是依次存放的。由于数组 a 为 int 类型，该类型占两个字节的内存空间，所以每个元素均占两个字节。

4.2.2　二维数组的初始化

与一维数组相同，二维数组在定义的同时可以进行初始化操作，使数组中若干元素获得相应的值。二维数组初始化也是在编译阶段进行的，这样的程序运行时间短，执行效率高。

二维数组初始化赋值的形式为：

　　　类型说明符　数组名[整型常量或常量表达式 1][整型常量或常量表达式 2]＝{值 1,值 2,…,值 n};

与一维数组初始化一样，二维数组最外面使用大括号将数据值集合括起来，而{}中的数据值即为若干元素的初值，各值之间用逗号间隔。实际上，二维数组初始化时可按行分段赋值，也可按行连续赋值。

例如，对于数组 a[4][3]：

（1）按行分段赋值可写为：

　　　int a[4][3]＝{ {1, 2, 3}, {4, 5, 6}, {7, 8, 9}, {10, 11, 12}};

（2）按行连续赋值可写为：

　　　int a[4][3]＝{ 1, 2, 3, 4, 5, 6, 7, 8, 9, 10, 11, 12};

这两种初始化的结果是完全相同的，但推荐分段赋值的方法，这样层次清晰，不容易出错。

【例 4.5】　二维数组初始化的不同形式。

```
# include <stdio. h>
void main()
{
    int i, j, a[4][3]={ {1, 2, 3}, {4, 5, 6}, {7, 8, 9}, {10, 11, 12}};
    int b[4][3]={{ 1, 2, 3, 4, 5, 6, 7, 8, 9, 10, 11, 12};
    printf("\n 数组 a 初始化之后各元素的值依次为：\n");
    for(i=0;i<4;i++)
    for(j=0;j<3;j++)
        printf("%-4d", a[i][j];
        printf("数组 b 初始化之后各元素的值依次为：\n");
    for(i=0;i<4;i++)
    for(j=0;j<3;j++)
        printf("%-4d", b[i][j];)
}
```

运行结果如图 4.5 所示。

图 4.5　采用不同的形式对数组初始化结果显示

对于二维数组初始化赋值的情况说明：

（1）可以只对部分元素赋初值，未赋初值的元素自动取 0 值。例如：

    float a[2][2]＝{{1.2}，{3.4}}；

该程序是对每一行的第一列元素赋值，未赋值的元素被系统直接赋值为 0。赋值后各元素的值为：

    1.2   0

    3.4   0

对于如下程序：

    int a[3][3]＝{{1，2}，{3，4}，{5}}；

赋值后的元素值为：

    1   2   0

    3   4   0

    5   0   0

（2）对所有元素赋初值时，第一维数组的长度可以省略，但第二维数组不能省略。例如：

    int a[4][3]＝{1，2，3，4，5，6，7，8，9，10，11，12}；

可写为：

    int a[][3]＝{1，2，3，4，5，6，7，8，9，10，11，12}；

（3）数组是一种构造类型的数据，所以可以将二维数组看作是由一维数组嵌套而成，即一维数组的每个元素也是一个一维数组。因此，二维数组可以分解为多个一维数组。

如对于二维数组 a[4][3]，包含 4 个一维数组，其数组名分别为：a[0]、a[1]、a[2]、a[3]。对这 4 个一维数组不需另作说明即可直接使用。这 4 个一维数组均包含 3 个元素。例如，一维数组 a[0]的元素为 a[0][0]，a[0][1]，a[0][2]。

注意，a[0]，a[1]，a[2]，a[3]不能作为下标变量使用，它们只是数组名，而不是下标变量。

4.2.3　二维数组元素的引用

二维数组的元素也称为双下标变量，二维数组中各元素的表示的形式为：

    数组名[下标 1][下标 2]

其中，下标 1 和下标 2 应为整型常量或整型表达式。在 C 语言中，二维数组与一维数组一样，也必须先定义后使用，且只能引用每一个元素而不能整体引用。

例如，执行完语句

　　　int a[4][3]＝{1，2，3，4，5，6，7，8，9，10，11，12}；

之后，a[0][1]表示数组 0 行 1 列的元素，其值为 2。

下标变量和数组定义在形式中很相似，但这两者具有不同的含义。数组定义时中括号里常量表达式的值表示某一维的总长度，它决定了可取下标的最大值。而数组元素中的下标决定了该元素在数组中的位置，是一个位置标识。注意在 C 语言中，下标的最大值比该数组定义时下标中的常量表达式的值少 1，并且定义时的下标表达式只能是常量或常量表达式；而数组元素在引用时，其下标可以是常量、变量或表达式。

4.2.4　二维数组程序举例

【例 4.6】　设计一个简单的程序，统计学生语文、数学、英语 3 门课程的总分及平均分，具体如表 4.1 所示。

表 4.1　学生课程及得分表

学生姓名	语文	数学	英语	总分	平均分
Alice	80	85	90		
Bob	90	88	94		
Clinton	86	78	92		

可设计一个二维数组 a[3][5]存放 3 位同学三门课的成绩、总分及平均分。根据数组的定义、初始化及引用方法，将总分及平均分计算并保存到相应的数组元素中。由于分数可能有小数，故将数组定义成单精度型。编程如下：

```
#include <stdio.h>
void main()
{
    int i, j;                /*其中 i, j 为计数器*/
    float total=0, aver=0;   /* total 表示总分，aver 表示平均分，并将两者均初始化为 0 */
    float score[3][5]={{80, 85, 90}, {90, 88, 94}, {86, 78, 92}};
    for(i=0;i<3;i++)
        {for(j=0;j<3;j++)
            {total+=score[i][j];}
            score[i][3]=total;
            score[i][4]=total/3.0;
            total=0;
        }
    printf("3 位同学的成绩表打印如下：\n");
    printf("语文 数学 英语 总分 平均分\n");
    for(i=0;i<3;i++)
    {for(j=0;j<5;j++)
        printf("%-8.2f", score[i][j]);
        printf("\n");
```

```
        }
    }
```

运行结果如图 4.6 所示。

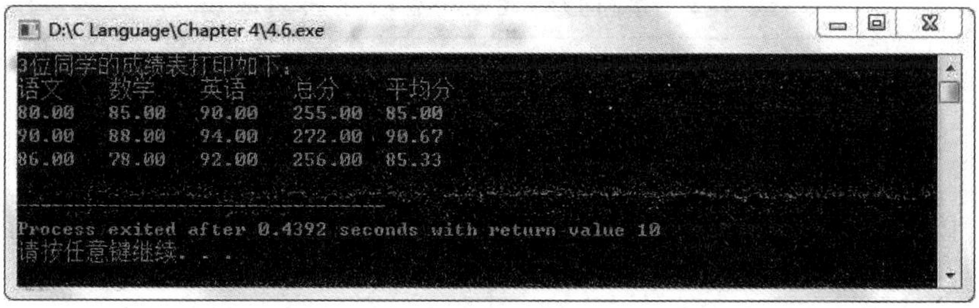

图 4.6　使用二维数组进行成绩记录和运算结果显示

程序中首先对二维数组进行了初始化，输入了 3 位学生的语文、数学、英语成绩，然后使用双重循环将每位同学的 3 门课程成绩进行相加，存入每位同学对应的"总分"（即每一行的第 4 个元素位置），然后使用总分除以 3 得到每位同学的平均分，并将结果存入相应的"平均分"（即每一行的第 5 个位置），这样通过单科分数将数组补充完整。注意，对于第二层 for 循环最后一条语句，将 total 的值重新设置为 0，这样不会影响后面同学总分的计算。最后使用双重循环，将每位同学的各科分数、总分及平均分输出到屏幕中。该程序充分运用了二维数组的定义、初始化及引用的基本方法，完成了对学生分数的统计及相关运算。

4.3　字　符　数　组

数组的概念前面已经介绍过，它的元素可以被定义成基本类型或构造类型，而定义成字符型的数组可以用来存放字符，这样的数组称为字符数组。

4.3.1　字符数组的定义

字符数组的形式与前面介绍的数值数组相同，其定义的一般形式为：
一维数组：
　　char 数组名［整型常量或整型常量表达式］；
二维数组：
　　char 数组名［整型常量或整型常量表达式 1］［整型常量或整型常量表达式 2］；
例如：
　　char c[5];　　　/*定义一维字符数组，其最大容量为 5 个字符，元素下标从 0 到 4*/
　　char c[4][3];　　/*定义二维字符数组，其包含的元素第一个下标从 0 到 3、第二个下标从 0 到 2*/
本节重点讲述一维字符数组，读者可参考二维数组的基础知识来理解多维字符数组。

4.3.2　字符数组的初始化

字符数组允许在定义时作初始化赋值，不过每个值需要使用单引号' '引用。

例如，让字符数组存储 hello 这个单词，程序如下：

　　char c[6] = {'h', 'e', 'l', 'l', 'o'};

赋值后各元素的值如表 4.2 所示。

表 4.2　字符数组元素下标及字符对应表

c[0]	c[1]	c[2]	c[3]	c[4]
'h'	'e'	'l'	'l'	'o'

其中，c[5]未赋值，而系统自动为其赋予 0 值。

当对全体元素赋初值时与前面普通数组一样，可以省去长度。

例如：

　　char c[]={'h', 'e', 'l', 'l', 'o'};

注意，这时数组 c 的长度不再是 6，而是自动定为 5。

4.3.3　字符数组的引用

与其他基本类型的数组相同，字符数组也必须先定义后使用，且只能逐个引用数组元素而不能一次引用所有元素，而每个字符数组元素就是一个字符变量，其使用方法与字符变量相同。

字符数组元素的表示形式为：

　　数组名[下标]

以数组初始化时，上面的 char c[]={'h', 'e', 'l', 'l', 'o'};为例，可使用：

c[1]引用'e'；

c[1+3]引用'o'，其与 c[4]等价；

c[i]引用其中任一值，其中 i 为整型变量，且 $0 \leqslant i \leqslant 4$。

【例 4.7】　字符数组初始化及元素引用。

```
#include <stdio.h>
void main()
{
    int i;
    char c[]={'h', 'e', 'l', 'l', 'o'};
    printf("数组中的元素值为：\n");
    for(i=0;i<5;i++)
    printf("%c", c[i]);
}
```

运行结果如图 4.7 所示。

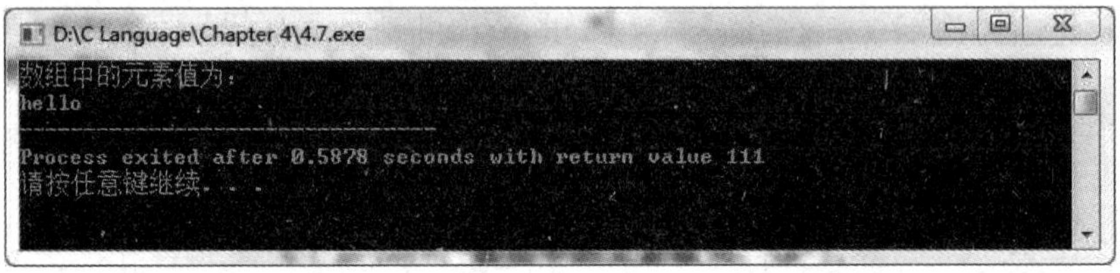

图 4.7　输出字符数组的各个元素值结果显示

上例清楚地说明了字符数组的引用方法，并结合循环语句，对整个数组进行了快速输出，但始终要记住，对字符数组的操作与其它基本类型数组一样，每次仅访问一个数组元素。

【例 4.8】 使用嵌套循环实现对二维字符数组的输出。

```
# include <stdio.h>
void main()
{
    int i, j;
    char c[3][8]={{'h', 'e', 'l', 'l', 'o'},
                  {'p', 'r', 'o', 'g', 'r', 'a', 'm'},
                  {'l', 'a', 'n', 'g', 'u', 'a', 'g', 'e'}};
    for(i=0;i<3;i++)
    {
        for(j=0;j<8;j++)
            printf("%c", c[i][j]);
        printf("\n");
    }
}
```

运行结果如图 4.8 所示。

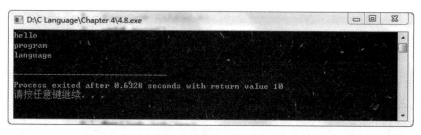

图 4.8 使用嵌套循环输出二维字符数组结果显示

该例题展示了二维字符数组的一种初始化方法，并使用嵌套循环将所有单词输出到界面，注意 printf("\n");语句的位置及起到的换行作用。

4.3.4 字符串和字符串结束标志

C 语言使用一个字符数组来存放一个字符串，并且前面章节介绍字符串常量时，已说明字符串总是以 '\0' 作为串的结束标记。因此把一个字符串存入数组时，也应把结束符 '\0' 存入数组，并以此作为该字符串的结束。有了 '\0' 标志后，就不必使用字符数组长度来判断字符串的长度了，在使用循环语句对字符串数组进行相关操作时，只需随时检测 '\0' 即可。

C 语言支持用字符串的方式对数组作初始化赋值，这比前面提到的字符数组的初始化方法要简便许多。

例如：

```
char c[]={'h', 'e', 'l', 'l', 'o'};
```

可使用字符串整体赋值的方法：

```
char c[]={"hello"};      /* 有{} */
```

或

```
char c[]="hello";        /* 没有{} */
```

这两种方法都能正确地将字符串存储到数组中，与前述单纯地使用字符数组存储一个个字符不同的是，字符串整体赋值以后，相应的字符数组结尾是'\0'，因此用字符串整体赋值比用字符逐个赋值要多占一个字节。

上面的数组 c 在内存中的实际存放情况为：

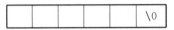

字符串结束标记'\0'是由 C 语言编译系统在整体赋值时自动加上的，因此 c[]数组在被"hello"这个字符串整体赋值后，系统为其分配的不是 5 个字节，而是 6 个字节。由于采用了'\0'标志，用字符串给字符数组赋初值时不必指定数组长度，而由编译系统自动处理即可。

4.3.5　字符数组的输入/输出

字符数组的输入/输出有两种方式。

（1）使用格式符"%c"逐个输入或输出字符。

例如：

```
int i;char c[10]={'\0'};
for(i=0;i<9;i++)
scanf("%c", &c[i]);
```

这里使用循环语句逐个地输入每个字符，同理也可用 printf 语句逐个输出字符串。

（2）使用格式符"%s"一次性输入或输出整个字符串。因此在采用字符串方式后，字符数组的输入/输出将变得简单方便。

例如：

```
int i;char c[10]={'\0'};
scanf("%s", c);
printf("%s", c);
```

这里用 printf 函数和 scanf 函数一次性输出/输入一个字符数组中的字符串，而不必使用循环语句逐个地输入/输出每个字符。

【例 4.9】 使用字符串对字符数组进行初始化。

```
#include <stdio.h>
void main()
{
    char c[]="hello\nworld";
    printf("%s\n", c);
}
```

运行结果如图 4.9 所示。

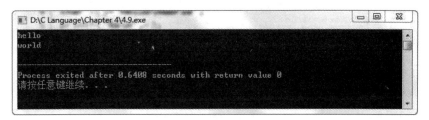

图 4.9　使用％s 输出格式符输出字符串结果显示

注意上述程序的 printf()函数中,使用格式符"％s"表示输出一个字符串,所以在输出表列中要使用数组名 c,而不能写为 printf("％s", c[])。

【例 4.10】　使用％s 格式符对字符数组进行输入和输出。

```
#include <stdio. h>
void main()
{
    char c[20];
    printf("请输入一个英文单词:\n");
    scanf("％s", c);
    printf("％s", c);
}
```

运行结果如图 4.10 所示。

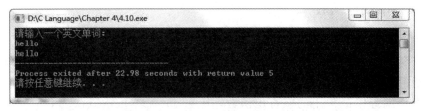

图 4.10　使用％s 格式符输入/输出英文字符串结果显示(1)

本例中由于定义数组长度为 20,输入单词长度必须小于 20 个字母,至少留出数组中最后一个位置(该数组的最后一个位置用 c[19]可进行引用)用于存放字符串结束标志'\0'。应特别注意,当用 scanf()函数输入带有空格的字符串时,空格将被当作字符串输入结束标记,其后面的字符串不能被保存。

【例 4.11】　使用％s 格式符进行字符串输入时,空格及其后符号不会被输入。

```
#include <stdio. h>
void main()
{
    char c[20];
    printf("请输入一个字符串:\n");
    scanf("％s", c);
    printf("％s", c);
}
```

运行结果如图 4.11 所示。

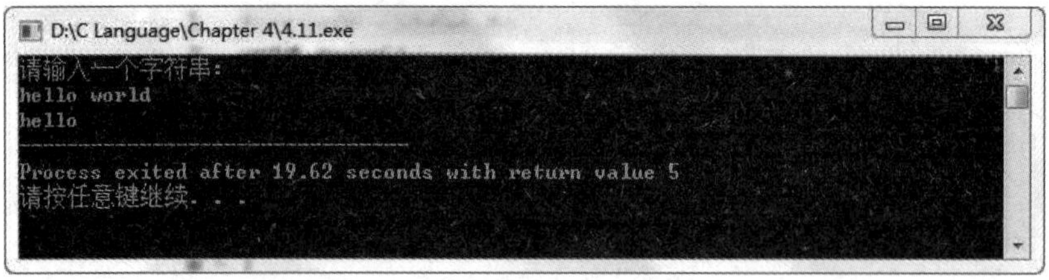

图 4.11 使用%s 格式符输入/输出英文字符串结果显示(2)

运行以上程序,并输入:

hello world

输出为:

hello

从输出结果可以看出空格以后的字符都未能输出,是由于空格后面的字符串没有正确保存到数组中。为了避免这种情况,可以使用循环语句结合格式说明符"%c"来解决,也可使用后面要讲到的 gets()字符串输入函数来解决。

在此需要说明的是,printf()和 scanf()函数的输出/输入项必须以地址形式出现,但在前面的例子中却是以数组名方式出现的。其原因是在 C 语言中规定,数组名就代表了该数组的首地址,而整个数组就是以首地址开头的一块连续的内存单元。因此,在需要以地址形式出现时,数组名就可以作为地址来使用。

4.3.6 字符串处理函数

C 语言提供了丰富的字符串处理函数,大致可分为字符串的输入、输出、合并、复制、比较、求长度、大写转小写、小写转大写等。使用这些字符串函数,可使编程效率大大提高,而在使用前应包含头文件"stdio.h"和"string.h"。

下面介绍编程中最常用的字符串函数,其中 puts()、gets()在"stdio.h"中定义,而strcat()、strcpy()、strcmp()、strlen()在"string.h"中定义。在有些常用的编程软件中不写入含头文件"stdio.h"和"string.h"的语句,程序也能执行,是由于编译器默认已完成引用正确头文件的操作。

1. 字符串输出函数 puts()

字符串输出函数的格式为:

puts(字符数组名或指针)

其功能是把字符数组中的字符串输出到显示器,即在屏幕上显示该字符串。

【例 4.12】 puts()函数输出字符串。

```
#include "stdio.h"
void main()
{
    char s[]="hello\nworld";/*字符串中包含转义字符,所以字符个数应为 11 个,但在内存
                            中需要 12 个字符位置*/
    puts(s);
}
```

运行结果如图 4.12 所示。

图 4.12 使用 puts()函数输出字符串结果显示

从前面的学习可知,字符数组在定义的同时进行初始化时可以省略数组下标,并且字符数组占用的元素空间数量比输入的字符串要大 1 个字节,用来保存结束标记′\0′,并且 puts()函数将字符数组结尾的′\0′直接当作′\n′进行输出。从程序中可以看出 puts()函数可以正确输出字符串中的转义字符,且 puts(s);可以用 printf("%s",s);语句取代,输出结果基本相同。

2. 字符串输入函数 gets( )

字符串输入函数的格式为:

　　gets(字符数组名或指针)

其功能是从键盘输入一个字符串,保存到以()中的"字符数组名"为起始地址的字符数组中。

【例 4.13】 gets()函数输入字符串。

```
#include "stdio. h"
void main()
{
    char s[30];
    printf("请输入一个长度不超过 29 的字符串:\n");
            /*字符数组中至少剩余最后一个位置 c[29]来保存′\0′*/
    gets(s);
    printf("打印输入的字符串:\n");
    puts(s);
}
```

运行结果如图 4.13 所示。

图 4.13 gets()函数可输入带空格的字符串结果显示

程序编写时要注意:保存输入字符串的数组应有足够空间,至少要剩余最后一个位置保存字符串结束标记'\0'。gets()函数不以空格作为字符串输入结束的标志,而只把回车作为输入结束标记,这是与前面讲到的 scanf()函数不同之处。所以当需要输入带空格的字符串时,必须使用 gets()而不是 scanf()。

3. 字符串连接函数 strcat( )

字符串连接函数的格式为:

    strcat (字符数组 1,字符数组 2)

其功能是连接两个字符串,把字符数组 2 中的字符串连接到字符数组 1 中字符串之后,并保存到字符数组 1 中。函数返回值是字符数组 1 的首地址。

【例 4.14】 strcat()函数使用方法。

```
#include "string. h"
void main()
{
    char s1[20]="hello";
    char s2[10]=" world";  /*注意,单词的前面有一个空格*/
    strcat(s1, s2);
    puts(s1);
}
```

运行结果如图 4.14 所示。

图 4.14   strcat()函数连接两个字符串结果显示

上述程序将定义时就保存在字符数组中的两个字符串连接起来。要注意的是,实参中的第一个字符数组应有足够的长度,否则不能全部输入被连接的字符串,且字符串 1 后面的串标志'\0'会被字符串 2 的第一个字符覆盖。本例中该标志是被字符串 2 中的第一个空格覆盖。

4. 字符串拷贝函数 strcpy( )

字符串拷贝函数的格式为:

    strcpy (字符数组 1,字符数组 2)

其功能是把字符数组 2 的字符串复制到字符数组 1 中,并复制串结束标志'\0'。

【例 4.15】 strcpy()函数对字符数组赋值。

```
#include"string. h"
void main()
{
    char s1[15], s2[]="hello world";
    strcpy(s1, s2);
```

```
        puts(s1);
    }
```

运行结果如图 4.15 所示。

图 4.15 strcpy()函数完成两个字符数组的复制结果显示

本函数要求字符数组 1 应有足够的长度，否则不能承载拷贝的字符串。注意，该函数也支持字符数组 2 为字符串常量，这时相当于把一个字符串赋予字符数组 1。

【例 4.16】 使用 strcpy()函数对字符串向字符数组赋值。

```
#include"string. h"
void main()
{
    char s1[15];
    strcpy(s1, "hello world");
    puts(s1);
}
```

运行结果如图 4.16 所示。

图 4.16 strcpy()函数完成字符串向字符数组的赋值结果显示

5. 字符串比较函数 strcmp()

字符串比较函数的格式为：

    strcmp(字符数组 1，字符数组 2)

其功能是按照 ASCII 码顺序比较两个数组中的字符串，并由函数返回值返回比较结果。

若字符串 1 == 字符串 2，则返回 0；

若字符串 1>字符串 2，则返回 1；

若字符串 1<字符串 2，则返回-1。

函数 strcmp()也可用于比较两个字符串常量，或比较数组和字符串常量。

【例 4.17】 strcmp()函数使用方法。

```
#include <string. h>
```

```
#include <stdio. h>
void main()
{
    int k;
    char s1[]="hello", s2[]="hello";
    k=strcmp(s1, s2);
    if(k==0)
        printf("s1=s2\n");
    else if(k==1)
        printf("s1>s2\n");
    else
        printf("s1<s2\n");
}
```

运行结果如图 4.17 所示。

图 4.17 strcmp()字符串比较函数示例结果显示

本程序进行两个字符串比较，比较结果保存到 k 中，再判断 k 的值。当两个字符串相同时，输出 s1=s2；当 s1 的 ASCII 码大于 s2 时，输出 s1>s2；当 s1 的 ASCII 码小于 s2 时，输出 s1<s2。

6. 测字符串长度函数 strlen( )

测字符串长度函数的格式为：

strlen(字符数组名或指针)

其功能是测量字符串的实际长度(不含结束标志'\0')，并将此整数值作为函数返回值。

【例 4.18】 strlen()函数使用方法。

```
#include"string. h"
void main()
{
    int len;
    char s[]="Hello World!";
    len=strlen(s);
    printf("该字符串的长度为 %d\n", len);
}
```

运行结果如图 4.18 所示。

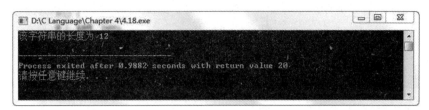

图 4.18 strlen()函数输出字符串长度结果显示

本程序使用 strlen()函数计算定义并初始化的字符数组中实际字符的长度，其中空格及感叹号均为字符，故返回的实际长度为 12。虽然 s[]数组实际分配的空间为 13 个字节，但最后一个字节中保存的'\0'不被计算在内。

7. 将字符串转成大写函数 strupr( )及小写函数 strlwr( )

将字符串转成大写函数及小写函数的格式分别为：

  strupr(字符数组名或指针)

  strlwr(字符数组名或指针)

其功能分别为：strupr()可将整个字符串全部转换成大写字母，而 strlwr()则将整个字符串全部转换成小写字母。

【例 4. 19】 strupr()函数使用方法。

```
#include"string. h"
void main()
{
    char s[30];
    printf("请输入包含大小写英文字母的字符串\n");
    gets(s);
    printf("将该字符串转成大写字母并输出：\n");
    strupr(s);
    printf("%s", s);
}
```

运行结果如图 4.19 所示。

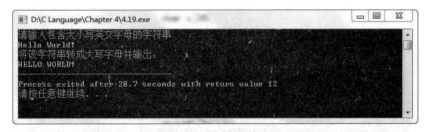

图 4.19 strupr()函数完成小写字母转大写结果显示

本程序使用 strupr()函数将输入的英文字符串全部转成大写字母并保存到原来的字符数组中，其主要功能就是完成小写字母转化成大写字母并替换原来的字母，其它字符或小写字母不变。同理，可以将程序中 strupr()替换成 strlwr()来完成将所有大写字母转换成小写字母的操作，其它字符或小写字母不变。注意，使用完这两个函数后，原来的字符串会被覆盖。

4.4　数组程序举例

【**例 4.20**】　使用数组，将 10 个整数"4，8，19，20，83，12，987，34，49，71"按照由小到大的顺序排序并输出。

算法分析：整数排序有许多算法可以实现，此处使用较易理解的"冒泡排序"来排序。

第 1 阶段：a[9]与前面的 a[8]比较、a[8]与 a[7]比较……a[1]与 a[0]比较，将较小的元素与其前面的元素进行交换，第一阶段结束后，10 个元素中最小的值被保存到 a[0]；

第 2 阶段：a[9]与前面的 a[8]比较、a[8]与 a[7]比较……a[2]与 a[1]比较，将较小的元素与其前面的元素进行交换，第二阶段结束后，剩余 9 个元素中最小的值被保存到 a[1]；

……

第 9 阶段：a[9]与前面的 a[8]比较，将较小的元素保存到 a[8]，此时排序结束。

这样就实现了 10 个整数从小到大依次排序，具体程序为：

```c
#include"stdio. h"
void main()
{
    int a[10]={4,8,19,20,83,12,987,34,49,71};
    int i,j,temp;
    for(i=0;i<9;i++)
        for(j=9;j>i;j--)
            if(a[i]>a[j])
            {
                temp=a[i];
                a[i]=a[j];
                a[j]=temp;
            }
    for(i=0;i<10;i++)
        printf("%-5d",a[i]);
}
```

运行结果如图 4.20 所示。

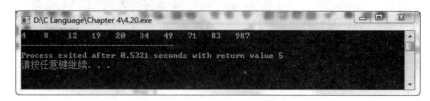

图 4.20　冒泡排序示例结果显示

【**例 4.21**】　将以下 3 组，每组 10 个整数存入 3 行 10 列的二维数组中，将其中的每一行进行从小到大的排序并按行输出：第一组为"4，8，19，20，83，12，987，34，49，71"，第二组为"4,8,1,23,876,345,44,79,123,−5",第三组为"−34,56,−333,90,3,76,1,−1,22,−340"。

算法分析：基于例4.20的算法思路,只需要再设置一个变量分别访问二维数组的每一行,而每一行仍旧使用"冒泡排序"法即可。

```
#include"stdio. h"
void main()
{
    int a[3][10]={
                {4, 8, 19, 20, 83, 12, 987, 34, 49, 71},
                {4, 8, 1, 23, 876, 345, 44, 79, 123, −5},
                {−34, 56, −333, 90, 3, 76, 1, −1, 22, −340}
    };
    int i, j, k, temp;
    for(k=0;k<3;k++)
        for(i=0;i<9;i++)
            for(j=i+1;j<=9;j++)
                if(a[k][i]>a[k][j])
                {
                    temp=a[k][i];
                    a[k][i]=a[k][j];
                    a[k][j]=temp;
                }
    for(k=0;k<3;k++)
    {
        for(i=0;i<10;i++)
            printf("%−8d", a[k][i]);
        printf("\n");
    }
}
```

运行结果如图4.21所示。

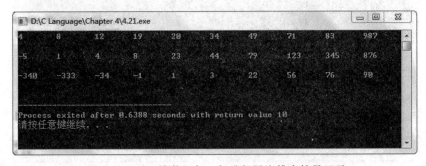

图4.21 对二维数组每一行进行冒泡排序结果显示

该算法是例4.20的升级版,重点考查了读者对于二维数组的理解及应用能力。

【例4.22】 输入10个英文单词按字母顺序排列输出。

算法分析：10 个英文单词可由一个二维字符数组存储。C 语言中规定可以把二维数组看成多个一维数组，因此该程序可以按 10 个一维数组处理，而每个一维数组就是一个英文单词字符串，再用字符串比较函数比较各一维数组的大小，并使用前面提到的"冒泡排序"法，最后输出结果即可。

编程如下：

```
#include"string.h"
void main()
{
    char s[10][20];
    char temp[20];
    int i,j;
    for(i=0;i<10;i++)
        gets(s[i]);
    for(i=0;i<9;i++)
        for(j=i+1;j<=9;j++)
            if(strcmp(s[i],s[j])==1){
                strcpy(temp,s[i]);
                strcpy(s[i],s[j]);
                strcpy(s[j],temp);
            }
    for(i=0;i<10;i++)
        puts(s[i]);
}
```

运行结果如图 4.22 所示。

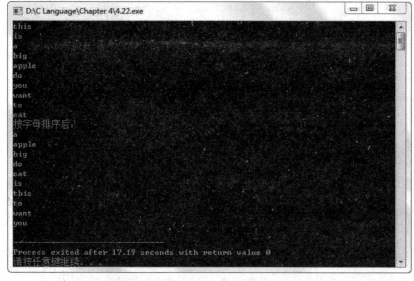

图 4.22　对英语单词进行排序结果显示

本程序的第一个 for 循环中，用 gets()函数输入 10 个单词字符串，每个单词被存到二维字符数组的某一行。而字符数组 s[5][20]虽为二维字符数组，但可将其看成 10 个一维数组 s[0]，s[1]，s[2]，…，s[9]，所以 gets()函数中使用 s[i]是合法的。在排序阶段，将每一个单词看成一个比较元素，使用例 4.20 一维数组排序思路就能完成排序工作，不过每一个元素变成了一个字符串而已。所以在进行字符串比较时，使用 strcmp()函数，而在进行位置交换时，则需要使用 strcpy()函数。还需要特别说明的是，交换时使用的临时变量应为一个字符数组，这样才能临时保存某个字符串的值。最后将排序好的字符串按照行序进行输出。

拓展阅读 4

下面就结合二维数组完成一个简单学生成绩表的表示及相关计算。

【例 4.23】 设计一个简单的系统，用来记录同学们平常的作业成绩。为了方便说明问题，假设班级只有 5 位同学，每位同学需要记录 2 次平时作业成绩及期末考试成绩，并计算每位同学的期末总成绩（四舍五入保留到个位）。期末总成绩构成为：每一次平时作业满分 100 分，占总成绩的 25%；期末考试满分 100 分，占总成绩的 50%。这 5 位同学的学号及成绩分数如表 4.3 所示。

表 4.3 某班平时作业及期末考试成绩表

学号	平时作业一分数	平时作业二分数	期末考试成绩	总成绩
0	80	75	80	?
1	86	88	90	?
2	76	84	82	?
3	90	90	94	?
4	80	90	88	?

代码如下：

```c
#include <stdio.h>
void main()
{
    int a[5][4]={
        {80, 75, 80, 0},
        {86, 88, 90, 0},
        {76, 84, 82, 0},
        {90, 90, 94, 0},
        {80, 90, 88, 0}};
    int i, j;
    for(i=0;i<5;i++)
        a[i][3]=a[i][0] * 0.25+a[i][1] * 0.25+a[i][2] * 0.5;
    printf("Score details:\n");
```

```
    printf("StuIDHomework1 Homework2FinalTotal\n");
    for(i=0;i<5;i++)
    {
        printf("%-14d",i);
        for(j=0;j<4;j++)
            printf("%-14d",a[i][j]);
        printf("\n");
    }
}
```

运行结果如图 4.23 所示。

图 4.23　使用二维数组保存并计算学生期末总成绩结果显示

拓展阅读 5

本 章 小 结

　　数组是程序设计中常用的数据结构。数组可分为数值数组（整数组、实数组）、字符数组以及后面将要介绍的指针数组、结构体数组等。

　　数组可以是一维的、二维的或多维的，而二维数组可以看成是由一维数组组成的一维数组，而多维数组也可以按照此思路来理解。

　　数组类型说明由类型说明符、数组名和数组长度 3 部分组成。数组元素又称为下标变量，而数组的类型就是每个数组元素值的类型。

　　数组可以用数组初始化赋值、输入函数动态赋值和语句赋值 3 种方法实现赋值。数值数组不能用赋值语句整体赋值、整体输入或输出，必须用循环语句逐个对数组元素进行各种操作；而由于字符数组的特殊性，可以在定义时通过初始化整体赋值，并借助函数实现整体输入和输出，但其本质上还是对数组各元素分别进行的操作。

习 题

一、选择题

1. 下列关于数组的描述正确的是( )。

A. 数组的大小是固定的,但可以有不同的类型的数组元素

B. 数组的大小是可变的,但所有数组元素的类型必须相同

C. 数组的大小是可变的,可以有不同的类型的数组元素

D. 数组的大小是固定的,所有数组元素的类型必须相同

2. 下列对一维整型数组 arr 的正确说明是( )。

A. int arr(10);   B. int n=10, arr[n];

C. int n;   D. ♯define   SIZE 10

    scanf("%d", &n);   int arr[SIZE];

    int arr[n];

3. 在 C 语言中,引用数组元素时,其数组下标的数据类型允许是( )。

A. 整型常量   B. 整型表达式

C. 整型常量或整型常量表达式   D. 任何类型的表达式

4. 下列对一维数组 b 进行正确初始化的是( )。

A. intb[10]=(0,0,0);   B. int b[10]={ };

C. int m[ ]={0};   D. intb[10]={2*9};

5. 假定 int 类型变量占用 4 个字节,其有定义:int arr[10]={0,4,14};,则数组 x 在内存中所占字节数是( )。

A. 4   B. 12   C. 20   D. 40

6. 若有以下说明:

```
int a[12]={1,2,3,4,5,6,7,8,9,10,11,12};
char c='a', d, g;
```

则数值为 4 的表达式是( )。

A. a[g-c]   B. a[4]   C. a['d'-'c']   D. a['d'-c]

7. 用以下程序段给数组所有的元素输入数据,请选择正确表达填入( )。

```
♯include<stdio.h>
main()
{
    int a[10], i=0;
    while(i<10)
    scanf("%d", _____);

}
```

A. a+(i++)   B. &a[i+1]   C. a+i   D. &a[++i]

8. 执行下列程序段后,变量 k 中的值为( )。

```
int  k=3, s[2];
```

```
    s[0]=k；  k=s[0]*10；
```

    A. 不定值　　　　　B. 33　　　　　　C. 30　　　　　　D. 10

9. 下列程序运行后，输出结果是(　　)。

```
main()
{
    int  n[5]={0,0,0}, i, k=2;
    for(i=0;i<k;i++)  n[i]=n[i]+1;
    printf("%d\n", n[k]);
}
```

    A. 不确定的值　　　B. 2　　　　　　C. 1　　　　　　D. 0

10. 若说明：int a[2][3];，则对 a 数组元素的正确引用是(　　)。

    A. a(1,2)　　　B. a[1,3]　　　C. a[1>2][! 1]　　D. a[2][0]

二、编程题

1. 定义一个有 10 个元素的一维整形数组 arr，从键盘上输入 10 个整数，按从大到小的顺序排列，并将排列后的数组输出。

2. 设计一个简单的记分系统，用来记录 5 位同学语文、数学、英语、计算机 4 门课程的成绩，并计算每位同学的平均分。要求依次从屏幕中输入 5 位同学的 4 门课成绩，并将平均分四舍五入到个位存储在数组中，最后输出这 5 位同学的各门课的成绩及平均分。

第五章　函　　数

　　函数是 C 语言程序的基本模块，C 语言程序通过调用各个函数模块来实现具体的功能。本章将介绍模块化程序设计的思想及原则，然后在函数定义中针对有参函数和无参函数两种形式进行详述，用户可通过函数调用和递归调用使用函数，最后介绍函数中变量的作用域以及编译预处理。

5.1　模块化程序设计与函数

　　在设计较复杂的程序时，一般采用自顶向下的方法，将问题划分为几个部分，各个部分再进行细化，直到分解为很容易求解的小问题为止。求解小问题的程序算法叫做"功能模块"，把复杂的问题分解为单独的模块设计，称为模块化设计。由此可知，C 语言程序设计是模块化程序设计。

5.1.1　模块与函数

　　C 语言的程序是由基本语句和函数组成的，每个函数负责完成独立的小任务。C 语言程序设计是模块化程序设计。任务、模块和函数的关系是：解决整个特定问题的大任务被分解成若干个小问题即功能模块，功能模块由一个或者多个函数具体实现，解决整个特定问题的程序通过调用这些函数完成。总结来说，模块化程序设计是由设计函数和调用函数实现的。

　　下面举例说明模块与函数的关系。

【例 5.1】　编程输出以下图形。

```
* * * * * * * * *
团结就是力量！
* * * * * * * * *
```

方法一（不用函数实现的程序源代码）：

```
#include<bits/stdc++.h>
int main(){
    printf("* * * * * * * * *\n");
    printf("团结就是力量！\n");
    printf("* * * * * * * * *\n");
}
```

方法二（用函数实现的程序源代码）：

```
#include<bits/stdc++.h>
int main(){
    void printstar();                              /* 对 printstar 函数进行声明 */
```

```
        void printunity();                            /* 对 printhelloworld 函数进行声明 */
        printstar();                                  /* 调用 printstar 函数 */
        printunity();                                 /* 调用 printhelloworld 函数 */
        printstar();                                  /* 调用 printstar 函数 */
    }
    void printstar(){                                 /* 定义 printstar 函数 */
        printf(" * * * * * * * * *\n");
    }
    void printunity(){                                /* 定义 printhelloworld 函数 */
        printf("团结就是力量! \n");
    }
```

所谓函数，其实就是一段可以重复调用、功能相对独立完整的程序段。

程序运行结果如图 5.1 所示。

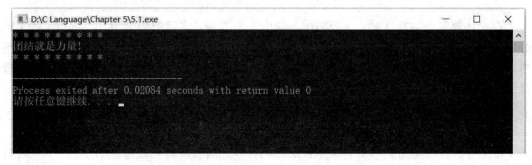

图 5.1　用函数实现的图形算法结果显示

5.1.2　模块化设计的基本原则

一般来说，模块化设计要遵循下面几个主要原则。

1. 模块独立

模块的独立性原则是指模块完成独立的功能，可单独进行调试。各个模块之间的联系简单，修改一个模块不会对整个程序产生大的影响。这要求在模块设计中注意几个问题：首先，因为模块具有相对独立性，所以在分解任务时要注意综合分析问题；其次，各个模块之间的联系简单，尽量只包含简单的数据传递，不要涉及控制联系；最后要注意模块私有数据的使用。

2. 模块的规模要适当

模块的规模不能太大或者太小。功能太强的模块，一般可读性就会很差；而功能太弱的模块，则会出现很多接口。初学者只需记住此原则，在以后的实践中需经常总结经验。

3. 分解模块时要注意层次

在对任务进行多层次分解时，要尤其注意对问题进行抽象化。开始只需考虑大的模块，不要过分注意细节。在中期设计大模块时，再逐步细化求精，分解成较小的模块进行设计。

5.2　函 数 定 义

在 C 语言中,函数(function)是一个处理过程,把一段程序的工作放在函数中进行,函数结束时可以携带或不携带处理结果。

C 语言中的程序处理过程全部都以函数形式出现,最简单的程序至少也包含一个 main()函数。函数必须先定义和声明后才能调用。

1. 函数的种类

用户使用的函数通常有标准库函数和自定义函数两种。

1)标准库函数

标准库函数是系统提供给用户的函数。C 语言的强大功能依赖于它丰富的库函数。需要注意的是,如果用户想调用这些函数,则必须先用编译预处理命令将相应的头文件包含到程序中。在前面各章的例题中反复用到 printf、scanf、getchar、putchar、gets、puts、strcat 等函数均属此类。

2)自定义函数

自定义函数是由用户自己编写的函数。不仅要在程序中定义函数本身,而且在主调函数模块中还必须对被调函数进行类型说明,然后才能使用。

2. 函数定义的一般形式

函数的定义就是把子任务的程序写到一个函数里,主要包含函数的说明部分和函数体两大部分。

函数定义的一般形式为:

```
类型名　函数名(参数类型说明及列表)
{ 局部变量说明
  语句序列
}               /*函数体*/
```

例如,输入两个整数,并采用函数 minpear 输出两个数中的较小者,具体程序为:

```
int minpear(int a,int b)        /*函数定义和形式参数类型说明*/
{
    int t;                      /*局部变量说明*/
    if (a<b) t=a;               /*执行语句*/
    else t=b;
    return  t;                  /*返回语句*/
}
```

在 C 语言程序中,一个函数的定义可以放在任意位置,既可放在主函数 main 之前,也可放在 main 之后。

1)函数的说明部分

函数的说明部分包括函数的类型、函数名、参数表和参数类型的说明。如上例中第一行为函数的说明部分。

(1)函数的类型。函数的类型即函数的返回值类型,表示给调用者提供何种类型的返回值。函数可以包含或者不包含返回值。

如果函数没有返回值，则定义函数类型为空，用标识符 void 表示空类型。例如：

    void data(int a)

如果函数有返回值，如上例中 minpear 函数的类型为 int，即函数的返回值类型是 int。

（2）函数名。函数名也称为函数标识符，遵循 C 语言语句标识符的命名规范。

（3）参数表。函数名后面的括号"（ ）"里的内容是参数表，由变量标识符和类型标识符构成。参数表中的变量也叫做形式参数，即形参。

根据参数表中是否有参数可将函数分为无参函数和有参函数。

① 无参函数：函数可以没有形参，叫作无参函数，注意无参函数的括号"（ ）"不能省略。

② 有参函数：如果函数包含形参，则在定义形参时，必须指定形参的类型。例如：

    int min(int a,int b)

2）函数体

在函数定义中，函数体是用花括号括起来的部分，函数的具体功能在函数体中完成。函数体内的起始部分是定义和说明部分，后面是语句部分。函数声明和函数体构成了函数定义。

函数的返回值是指函数被调用之后，执行函数体中的程序段后得到的结果，并返回给主调函数。关于函数的返回值有下面几点说明：

（1）有返回值的函数体：需要有 return 返回语句。格式如下：

    return（表达式）;

该语句的执行顺序是先计算表达式的值，然后把结果返回给主调函数。

（2）return 语句表达式的类型要和函数定义中函数的类型保持一致。如果不一致，则以函数的类型为准，自动进行类型转换。

（3）若函数类型为整型，则函数定义时可以省略函数类型。

例如，上面提到的自定义函数 min(a，b)即表示根据传入的 a 和 b 两个值的大小返回一个 t 值，也就是两个数中的较小者。

5.3 函 数 调 用

函数调用时，应该遵循先定义后使用的原则。如果函数调用出现在函数定义之前，则要对函数先进行声明，即让系统明确所调用的函数以及函数类型等信息。

5.3.1 函数的声明

函数声明与函数定义时的第一行是基本一致的，包括函数类型、函数名、形参个数、类型和次序。不同之处在于，函数声明要在函数定义的第一行结尾加上"；"，并且参数列表中可以省略参数名。

格式如下：

    类型名　函数名(参数类型说明列表);

例如：

int min(int, int);

【例 5.2】 编程实现孔融让梨，输出较小的梨。

解题思路：首先输入两个整数，表示梨的重量；然后调用函数 minpear() 进行较小值的比较运算；最后输出运算结果。

```
#include<bits/stdc++.h>
int minpear(int a, int b) {            /* 函数定义和形式参数类型说明 */
    int t;                             /* 局部变量说明 */
    if (a<b) t=a;                      /* 执行语句 */
    else t=b;
    return  t;                         /* 返回语句 */
}


int main() {
    int minpear(int a, int b);         /* 对 minpear 函数的声明 */
    int x, y, z;
    printf("input two numbers:\n");
    scanf("%d%d", &x, &y);
    z=minpear(x, y);                   /* 调用 minpear 函数 */
    printf("minmum=%d", z);
}
```

孔融让梨程序运行结果如图 5.2 所示。

图 5.2 孔融让梨算法结果显示

本例中，x、y 的值传送给 minpear 的形参 a、b，minpear() 函数执行的结果（a 或 b）将返回给变量 z，最后由主函数输出 z 的值。

5.3.2 函数的调用

根据函数有参数或者无参数两种情况，函数调用可分为有参函数调用和无参函数调用。

（1）有参函数调用的形式为：

函数名(实参表达式)

例如：

min(int a, int b);

（2）无参函数调用的形式为：

函数名()

例如：
```
func( );
```
根据调用方式的不同，函数调用可分为语句调用和表达式调用。

(1) 语句调用的形式如：
```
scanf("%d", &x);
```

(2) 表达式调用的形式如：
```
a+min(x, y);
```

5.3.3　函数的嵌套调用

C 语言中不允许出现"嵌套定义函数"，即不能在一个函数中定义另一个函数。例如，在 main()函数的定义中做 printdata()函数的定义，下述写法是错误的：

```
int main(int argc, char * argv[])
{
    /* 定义 func 函数 */
    void printdata(int a)

    {
        printf("inprintdata, a = %d\n", a);
    }
    printdata(8);
    return 0;
}
```

注意：在 VC 编译器或者 Visual Studio 编译器中，这样的代码属于非法定义的代码。虽然在 func()函数的调用之前已定义了 func 函数，但是不能在 main()函数中定义 func() 函数，即不能嵌套定义函数。

但是 C 语言允许在一个函数的定义中出现对另一个函数的调用，称为函数的嵌套调用，也就是在被调函数中又调用了其它函数。这与其它语言的子程序嵌套的情形是类似的。例如：

```
int b()          /* 定义函数 b */
{ …
}

int a()          /* 定义函数 a */
{ …
  b();           /* a 中调用函数 b */
}

void main()
{ …
  a( );          /* 主函数中调用函数 a */
}
```

其关系如图 5.3 所示。

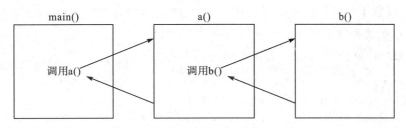

图 5.3　函数的嵌套调用

图 5.3 表示了两层嵌套的情况。其执行过程是：在执行 main() 函数时遇到了调用 a 函数的语句，即转到 a 函数去执行；在执行 a 函数时遇到了调用 b 函数的语句，则转到 b 函数去执行；当 b 函数执行完毕后返回 a 函数的断点继续执行，a 函数执行完毕后返回 main() 函数的断点继续执行。

【例 5.3】　学校为鼓励学生和辅导老师以赛促教、以赛促学、以赛促改，进一步推进学校创新创业教育迈上新台阶，要求统计计算机专业两个班的大学生计算机应用能力竞赛获奖人数，试编程实现。

实现代码如下：

```
#include<bits/stdc++.h>
int main() {
    int counselor();
    printf("%d", counselor());
}
int counselor() {
    int monitor();
    return(monitor());
}
int monitor() {
    int a, b;
    scanf("%d, %d", &a, &b);
    return a+b;
}
```

大学生计算机应用能力竞赛获奖人数程序运行结果如图 5.4 所示。

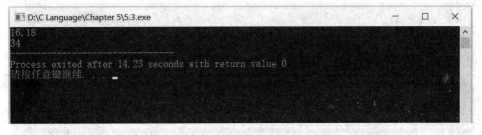

图 5.4　大学生计算机应用能力竞赛获奖人数算法结果显示

main()函数相当于学校总人数,在输出函数中调用 counselor 函数以实现结果。counselor()函数中,在 return 语句中调用了 monitor()函数,用 monitor()函数求两个班的人数,并且通过 return 语句返回人数之和,层层返回。

【例 5.4】　计算 $s=1^2!+2^2!+3^2!$。

解题思路:本题可通过编写两个函数来实现,第一个函数 f1()用来实现计算平方值,第二个函数 f2()用来实现计算阶乘值。代码设计如下:

```
#include<bits/stdc++.h>
long f1(int d) {                    /*定义求平方值的函数 f1()*/
    int cube;
    long r;
    long f2(int);                   /*嵌套调用阶乘函数 f2()*/
    cube=d*d;
    r=f2(cube);
    return r;
}
long f2(int q) {                    /*定义求阶乘值的函数 f2()*/
    long c=1;
    int i;
    for(i=1; i<=q; i++)
        c=c*i;
    return c;
}
main() {
    int i;
    long s=0;
    for (i=1; i<=3; i++)
        s=s+f1(i);                  /*调用求平方值的函数 f1()*/
    printf("\ns=%ld\n", s);
}
```

程序运行结果如图 5.5 所示。

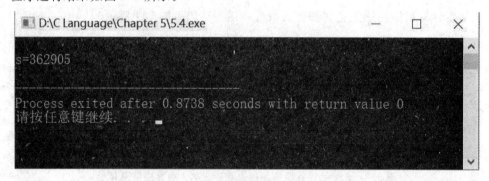

图 5.5　平方值的阶乘求和算法结果显示

在本例中，main 函数先调用 f1()函数计算出平方值，再在 f1()函数中以得到的平方值为实参，调用 f2()函数计算其阶乘值，然后将结果返回给 f1()函数，最后返回主函数中循环计算累加和。

5.3.4 参数传递

函数的参数分为形参和实参两种。本小节进一步介绍形参、实参的特点和两者的关系。

形参出现在函数定义中，在整个函数体内都可以使用，离开该函数则不能使用。实参出现在主调函数中，进入被调函数后，实参变量也不能使用。形参和实参可用于数据传送。发生函数调用时，主调函数把实参的值传送给被调函数的形参从而实现主调函数向被调函数的数据传送。

函数的形参和实参具有以下特点：

（1）形参变量只有在被调用时才分配内存单元，在调用结束时，即刻释放所分配的内存单元。因此，形参只在函数内部才有效。函数调用结束返回主调函数后则不能再使用该形参变量。

（2）实参可以是常量、变量、表达式、函数等，无论实参是何种类型，在进行函数调用时，它们都必须具有确定的值，以便把这些值传送给形参。因此应预先用赋值、输入等操作使实参获得确定值。

（3）实参和形参在数量、类型及顺序上应严格一致，否则会发生类型不匹配的错误。

（4）函数调用中发生的数据传送是单向的，即只能把实参的值传送给形参，而不能把形参的值反向地传送给实参。因此，在函数调用过程中，形参的值发生改变，而实参中的值不会变化。

【例 5.5】 参数传递算法实例。

```
#include<bits/stdc++.h>
int main() {
    int n;
    printf("input number\n");
    scanf("%d", &n);
    int s(int n);
    s(n);
    printf("n=%d\n", n);
}
int s(int n) {
    int i;
    for(i=n-1; i>=1; i--)
        n=n+i;
    printf("n=%d\n", n);
}
```

参数传递程序运行结果如图 5.6 所示。

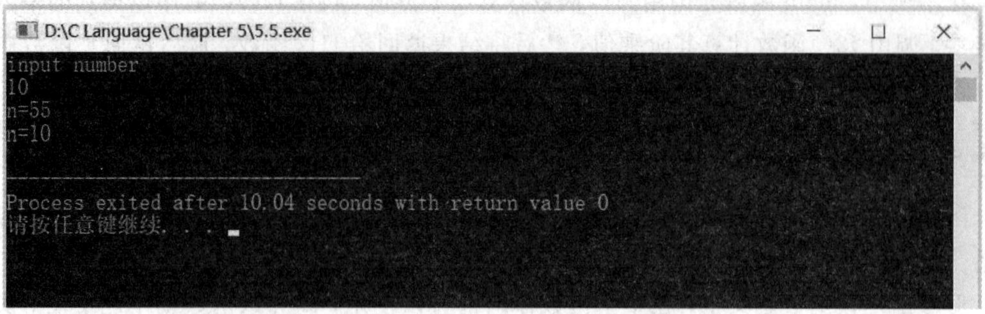

图 5.6 参数传递算法结果显示

本程序中定义了一个函数 s，该函数的功能是求 n+(n−1)+⋯+1 的值。在主函数中输入 n 值，并作为实参，在调用时传送给函数 s 的形参量 n(注意，本例的形参变量和实参变量的标识符都为 n，但这是两个不同的量，各自的作用域不同)。在主函数中用 printf 语句输出一次 n 值，这个 n 值是实参 n 的值。在函数 s 中也用 printf 语句输出了一次 n 值，这个 n 值是形参最后取得的 n 值 0。从运行情况看，输入 n 值为 10。即实参 n 的值为 10。把此值传给函数 s 时，形参 n 的初值也为 10，在执行函数的过程中，形参 n 的值变为 55。返回主函数之后，输出实参 n 的值仍为 10。可见实参的值不随形参的变化而变化。

5.4 函数递归调用

在函数内部调用函数本身叫做函数的递归调用。递归调用分为直接递归和间接递归。

某一函数在函数体内部直接调用自身函数叫做函数的直接递归，即函数的嵌套调用的是函数本身。

直接递归的形式如下：

```
void func( )
{ …
    func ( );           /* 函数 func 中调用函数 func，直接递归 */
    …
}
```

某一函数在函数体内部调用其它函数，其它函数再调用本函数，叫做函数的间接递归。

间接递归的形式如下：

```
void func1( )
{ …
    func2 ( );          /* 函数 func1 中调用函数 func2 */
    …
}
void func2( )
{ …
```

```
        func1 ( );                /*函数 func2 中调用函数 func1,间接递归*/
    }
```

递归思想是一个非常实用的解决问题的思路。它不仅可以解决递归定义的问题,还可以把看起来很复杂、不容易描述的过程变得简单明了。下面针对这两方面分别举例说明递归的思想。

【**例 5.6**】 用递归算法计算 n! 的值。

解题思路:由于 n! ＝n＊(n－1)! 是递归定义,所以求 n! 转化为求(n－1)!,而(n－1)! ＝(n－1)＊(n－2)!,则求(n－1)! 转化为求(n－2)!,以此类推,最后变成求 0! 的问题,已知 0! ＝1,反过来依次求出 1!,2! …直到最后求出 n!。具体程序如下:

```
# include <stdio. h>
long fac(int n)
{
    long f;
    if(n<0) printf("n<0, input error");
    else if(n==0||n==1) f=1;
    else f=fac(n-1) * n;
    return(f);
}
int main()
{
    int n;
    long y;
    printf("\ninput a inteager number: \n");
    scanf("%d", &n);
    y=fac(n);
    printf("%d! =%ld", n, y);
}
```

程序中给出的函数 fac 是一个递归函数。主函数调用 fac 后即执行函数 fac,如果 n<0,n==0 或 n==1 时都将结束函数的执行,否则就递归调用 fac 函数本身。注意每次递归调用的实参为 n－1,即把 n－1 的值赋予形参 n,最后当 n－1 的值为 1 时再进行递归调用,形参 n 的值也为 1,将使递归终止。然后可逐层退回。

运行上述程序,若输入为 5,则求 5!。在主函数中调用语句 y＝fac(5),进入 fac 函数执行,判断 n＝5,不满足 n 等于 0 或 1,故应该执行 f＝fac(n－1)＊n,即 f＝fac(5－1)＊5。此语句为递归调用,转为求 fac(4)。进行 4 次递归调用后,fac 函数的形参变为 1,满足 else if(n==0||n==1),将结束函数的执行,故不再进行递归调用,而开始逐层返回主调函数。fac(1)的函数返回值为 1,fac(2)的返回值为 1＊2＝2,fac(3)的返回值为 2＊3＝6,fac(4)的返回值为 6＊4＝24,最后返回值 fac(5)为 24＊5＝120。

递归算法程序运行结果如图 5.7 所示。

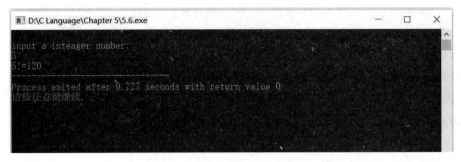

图 5.7　递归计算 n! 算法结果显示

【**例 5.7**】　汉诺塔游戏是理论指导实践、锻炼学生动手操作的经典游戏，试编程实现。

总体思想：

(1) 将 i−1 个盘子先放到 B 座位上。

(2) 将 A 座位剩下的一个盘子移动到 C 座位上。

(3) 将 i−1 个盘子从 B 座位移动到 C 座位上。

```c
#include<bits/stdc++.h>
void hanoi(int i, int x, int y, int z) {
    if(i == 1)
        printf("%d -> %d\n", x, z);
    else {
        hanoi(i-1, x, z, y);
        printf("%d -> %d\n", x, z);
        hanoi(i-1, y, x, z);
    }
}
int main() {
    int i;
    printf("input i: ");
    scanf("%d", &i);
    hanoi(i, 1, 2, 3);
}
```

汉诺塔程序运行结果如图 5.8 所示。

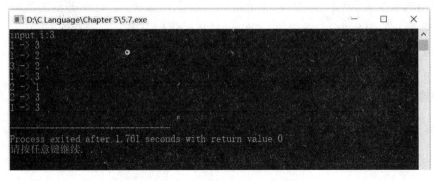

图 5.8　汉诺塔算法结果显示

5.5 变量的作用域与存储方式

5.5.1 根据作用域划分变量

变量的作用域即变量有效性的范围。例如函数中的形参变量，只在函数调用时才给形参分配内存单元，函数调用结束后该内存单元就会被释放。这说明形参有效性的范围（作用域）在函数内。形参在函数以外的范围是不起作用的。C 语言中的变量根据作用域可划分为两类，即局部变量和全局变量。

1. 局部变量

局部变量也叫内部变量。局部变量的作用域在函数内，即它是在函数内进行定义说明的。在函数外使用这种变量是不合法的。

例如：

```
void func( )        / * 函数 func * /
{
    int a＝3;
    c1＋＝32;      / * 在函数 func 中使用 main 函数中定义的局部变量 c1、c2、c3 和 c4 是非法的 * /
    c2＋＝32;
    c3＋＝32;
    c4＋＝32;
}
void main()
{
    char c1, c2, c3, c4;
    printf(" Enter c1, c2, c3, c4: ");
    scanf("%c%c%c%c", &c1, &c2, &c3, &c4);
    func( );                              / * 调用函数 func( ) * /
    printf ("%c%c%c%c\n", c1, c2, c3, c4);   / * 输出 main 函数中的 c1、c2、c3 和 c4 * /
}
```

c1、c2、c3 和 c4 在 main 函数中定义说明，只能在 main 函数中使用，即 c1、c2、c3 和 c4 的作用域仅限在 main 函数中。故在 func 函数中使用 c1、c2、c3 和 c4 是非法的。

【例 5.8】 局部变量赋值并改变。

```
#include<bits/stdc++.h>
void func( ){
    char c1, c2, c3, c4;                  / * 定义函数 func 中的局部变量 c1、c2、c3 和 c4 * /
    c1='A', c2='B', c3='C', c4='D';
    c1＋＝32;
    c2＋＝32;
    c3＋＝32;
    c4＋＝32;
    printf ("%c%c%c%c\n", c1, c2, c3, c4);       / * 输出函数 func 中的 c1、c2、c3 和 c4 * /
```

```
    }
int main() {
    char   c1, c2, c3, c4;
    printf(" Enter c1, c2, c3, c4: ");
    scanf("%c%c%c%c", &c1, &c2, &c3, &c4);
    func();                              /* 调用函数 func() */
    printf ("%c%c%c%c\n", c1, c2, c3, c4);    /* 输出 main 函数中的 c1、c2、c3 和 c4 */
}
```

若输入 c1、c2、c3 和 c4 的值为 TEAM，则运行结果如图 5.9 所示。

图 5.9　局部变量算法结果显示

在 main 函数和 func 函数中，虽然都有名称为 c1、c2、c3 和 c4 的变量，但是这两组变量是不同的变量，它们只是同名而已，代表着不同的内存，是互不影响的。main 函数中的变量值不会因为 func 函数中变量的改变而受到影响。

2. 全局变量

全局变量也叫外部变量，在函数外部定义，其作用域是从定义开始，到文件结束为止。任何函数都不是局部的变量。全局变量具有全局作用域，即定义后，可以用在文件的所有函数中。如果要在函数中使用全局变量，应先对全局变量进行说明，即遵循先说明后使用的原则。全局变量的说明符为 extern，可以省略。但是，如果全局变量的定义在前，函数内使用全局变量在后，则这种情况可不再加以说明。

【例 5.9】　全局变量在 main() 函数中赋值并改变。

```
#include<bits/stdc++.h>
char c1, c2, c3, c4;              /* 定义全局变量 c1、c2、c3 和 c4 */
void func() {
    c1+=32;                       /* 使用全局变量在 main 函数中赋的值，并改变 m 和 n 的值 */
    c2+=32;
    c3+=32;
    c4+=32;
    printf ("%c%c%c%c\n", c1, c2, c3, c4);     /* 输出已改变的 c1、c2、c3 和 c4 的值 */
}
int main() {
    c1='T', c2='E', c3='A', c4='M';            /* 对全局变量 c1、c2、c3 和 c4 赋值 */
    func();                                    /* 调用函数 func() */
```

```
    printf("%c%c%c%c\n", c1, c2, c3, c4);      /* 输出 c1、c2、c3 和 c4 */
}
```

全局变量程序运行结果如图 5.10 所示。

图 5.10　全局变量算法结果显示

在 func 函数中对全局变量 c1、c2、c3 和 c4 的值进行改变并保留下来，在 main 函数中将 c1、c2、c3 和 c4 的值输出。

5.5.2　根据存储方式划分变量

在前面的章节中，根据作用域划分，变量可分为全局变量和局部变量。现在从另一个角度，即变量值存在的作用时间来分析，用户的存储空间可大致分为程序区、静态存储区和动态存储区 3 种。

变量的存储方式可分为静态存储方式和动态存储方式。

1. 静态存储方式

静态存储方式是指在程序运行期间给变量分配固定的存储空间。静态存储区存放全局变量和静态局部变量。

1）全局变量

全局变量全部存放在静态存储区，在程序开始执行时给全局变量分配存储区，程序执行完毕则释放内存。全局变量占据固定的存储单元，而不动态地进行分配和释放。

2）静态局部变量

静态局部变量是用 static 声明的局部变量，属于静态存储方式。局部变量的值在函数调用结束后释放。有时希望保留函数中局部变量的原值，这种情况需要指定局部变量为静态局部变量，用关键字 static 进行声明。

例如：

```
static int m, n;
```

注意：静态局部变量在函数结束后仍保留原值，不随函数的结束而消失，生存期为整个程序。静态局部变量在编译时赋初值，即只赋初值一次，若未赋初值，则系统会自动赋值 0。

【例 5.10】　静态局部变量实例。

```
#include<bits/stdc++.h>
int func() {
    static int n=3;
    n * =2;
```

```
            return(n);
        }
    int main() {
        int i;
        for(i=0; i<3; i++)
            printf("%d\n", func());
    }
```

由于静态局部变量在函数结束后仍保留原值，不随函数的结束而消失，因此，函数一次调用后 n=6 且被保留下来，第二次调用函数后，n=12，第三次调用结束后，n=24，所以最终输出值为累乘的结果。

运行结果如图 5.11 所示。

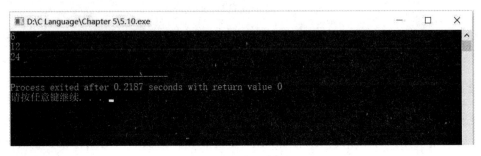

图 5.11　静态局部变量算法结果显示

2. 动态存储方式

动态存储方式是在程序运行期间根据需要给变量动态地分配存储空间。

动态存储区存放函数的形参和 auto 自动变量。

auto 自动变量是未加 static 声明的局部变量。函数中的局部变量如果不加 static 存储类别，则都属于动态地分配存储空间，数据存储在动态存储区中。

函数中的形参和在函数中定义的变量都属于自动变量，在调用该函数时系统会给它们分配存储空间，在函数调用结束时就自动释放这些存储空间。自动变量用关键字 auto 作存储类别的声明。

auto 自动变量的形式如下：

```
    int f(int a)            /*定义 f 函数，a 为参数*/
    {auto int b, c=3;       /*定义 b、c 自动变量*/
    ...
    }
```

其中，a 是形参，b、c 是自动变量，对 c 赋初值 3。执行完 f 函数后，自动释放 a、b、c 所占的存储单元。关键字 auto 可以省略，auto 不写则隐含定义为"自动存储类别"，属于动态存储方式。

5.6　编译预处理

编译预处理是 C 语言编译系统的一个组成部分，在编译前由编译系统中的预处理程序对源程序的预处理命令进行加工。

与源程序中的语句不同,源程序中的预处理命令以"♯"开头,结束没有分号,它们可以放在程序中的任何位置,作用域为出现点到源程序的末尾。

预处理命令包括执行宏定义(宏替换)、文件包含和条件编译。

5.6.1 宏定义

宏定义包含无参宏定义和带参宏定义。

1. 无参宏定义

无参宏的宏名后不带参数。无参宏定义的一般形式为:

　　♯define 标识符 字符串

其中,"♯"表示该行为预处理命令,"define"为宏定义命令,"标识符"为定义的宏名,这里为"M""字符串"可以是常数、表达式、格式串等。

例如:

　　♯defineM　(x∗x+3∗x+1)

定义后,可以用 M 代替(x∗x+3∗x+1)。在编写源程序时,所有的(x∗x+3∗x+1)都可由 M 代替,而对源程序作编译时,将先由预处理程序进行宏代换,即用(x∗x+3∗x+1)表达式置换所有的宏名 M,然后再进行编译。

【例 5.11】 无参宏定义算法实例。

```
#include<bits/stdc++.h>
# define SENTENCE ("I love China!")
int main() {
    printf("%s", SENTENCE);
}
```

运行结果如图 5.12 所示。

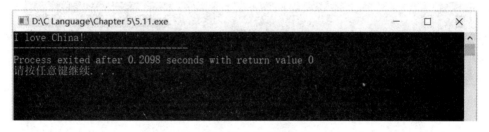

图 5.12　无参宏定义算法结果显示

对于宏定义还要说明以下几点:

(1) 宏定义是用宏名来表示一个字符串,在宏展开时又以该字符串取代宏名,这只是一种简单的代换。字符串中可以含任何字符,可以是常数,也可以是表达式,预处理程序对宏定义不作任何检查。如有错误,只能在编译已被宏展开后的源程序时发现。

(2) 宏定义不是说明或语句,在行末不必加分号,如有分号则连同分号一并置换。

(3) 宏定义必须写在函数之外,其作用域为宏定义命令起到源程序结束。若要终止其作用域可使用 ♯ undef 命令。

2. 带参宏定义

带参宏定义的一般形式为:

　　♯define 宏名(形参表)　字符串

例如：

　　♯define　S(a, b)　a∗b

带参宏调用的一般形式为：

　　宏名(实参表)；

例如：

　　♯define M(x)　x∗x+3∗x+1/∗宏定义∗/

　　…

　　k＝M(8)；　　　　　　　　　/∗宏调用∗/

　　…

在宏调用时，用实参 8 代替形参 x，经预处理宏展开后的语句为 k＝8∗8+3∗8+1。

　　【例 5.12】　商朝末年西周初年的数学家商高在公元前 1000 年发现勾股定理的一个特例"勾三，股四，弦五"，早于意大利数学家毕达哥拉斯发现此定理证明 500～600 年。

```
♯include<bits/stdc++.h>
♯define M(x, y) sqrt(x∗x+y∗y)
int main() {
    int s;
    s＝M(3, 4);
    printf("s＝%d\n", s);
}
```

　　第一步被换为 s＝sqrt(x∗x+y∗y)；第二步换为 s＝sqrt(3∗3+4∗4)。运行结果如图 5.13 所示。

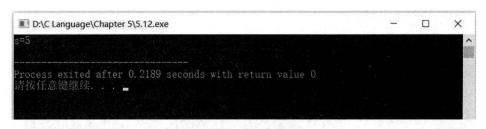

图 5.13　带参宏定义算法结果显示

5.6.2　文件包含

　　文件包含是 C 语言预处理程序的另一个重要功能。

　　文件包含命令行的一般形式为：

　　♯include "文件名"

在前面已多次使用过此命令，其中包含库函数的头文件。例如：

　　♯include "stdio. h"

　　♯include "math. h"

　　文件包含命令的功能是把指定的文件插入命令行位置取代该命令行，从而把指定的文件和当前的源程序文件组成一个源文件。

　　在程序设计中，文件包含是很有用的。一个大型程序可以分为多个模块，由多个程序员分别编程。有些公用的符号常量或宏定义等可单独组成一个文件，在其它文件的开头用包含命令包含该文件即可使用，这样可避免在每个文件开头重复编写公用量，从而节省时间，并减少出错。

对文件包含命令还要说明以下几点：

（1）包含命令中的文件名可以用双引号括起来，也可以用尖括号括起来。例如，以下写法都是允许的：

　　　　＃include"stdio. h"

　　　　＃include ＜ math. h ＞

但是这两种形式是有区别的：使用尖括号表示在包含文件目录中查找（包含目录是由用户在设置环境时设置的），而不在源文件目录中查找。

使用双引号则表示首先在当前的源文件目录中查找，若未找到再到包含目录中查找。用户编程时可根据文件所在的目录选择某一种命令形式。

（2）一个 include 命令只能指定一个被包含文件，若有多个文件要包含，则需用多个include 命令。

（3）文件包含允许嵌套，即在一个被包含的文件中又可以包含另一个文件。

5.6.3 条件编译

预处理程序提供了条件编译的功能，可以按不同的条件编译不同的程序部分，因而会产生不同的目标代码文件。这对于程序的移植和调试是很有用的。

条件编译有以下 3 种形式。

（1）第一种形式的表达为：

　　　　＃ifdef 标识符

　　　　程序段 1

　　　　＃else

　　　　程序段 2

　　　　＃endif

其功能是：如果标识符已被 ＃define 命令定义过，则对程序段 1 进行编译，否则对程序段 2 进行编译。如果没有程序段 2（其为空），则可以省略本格式中的＃else，即可以写为：

　　　　＃ifdef 标识符

　　　　程序段

　　　　＃endif

（2）第二种形式的表达为：

　　　　＃ifndef 标识符

　　　　程序段 1

　　　　＃else

　　　　程序段 2

　　　　＃endif

第二种形式与第一种形式的区别是将"ifdef"改为"ifndef"。其功能是：如果标识符未被＃define 命令定义过，则对程序段 1 进行编译，否则对程序段 2 进行编译。这与第一种形式的功能正好相反。

（3）第三种形式的表达为：

＃if 常量表达式

程序段 1

＃else

程序段 2

＃endif

其功能是：如常量表达式的值为真（非 0），则对程序段 1 进行编译，否则对程序段 2 进行编译。因此条件编译可以使程序在不同条件下，完成不同的功能。

拓展阅读 6

【例 5.13】　在信息时代，学生更需要拥有与他人合作的能力，才能更好地适应以后的社会工作，在未来的工作中取得成功。通过例题理解团结协作的力量。

输入不超过 60 个学生的整数成绩，对这些成绩排序后输出。要求为成绩的输入、成绩的排序和成绩的输出各编写一个函数来完成。

分析与实现：

（1）理解函数的模块化程序设计。将一个班的学生分成 3 个小组，分别负责编写成绩输入函数、成绩排序函数和成绩输出函数。

（2）每个小组的成员要求坐在一起讨论，对任务进行细分，培养团队的合作能力和成员的团结协作意识。

（3）为确保每位学生都能感受到团队协作的气氛，争取一个都不掉队，在提问环节中，教师随机邀请团队中的成员发言，让学生从自己角色的角度来表达算法或思路。

程序如下：

```c
#include<bits/stdc++.h>
void inputscore(int a[], int n) {              /* 输入成绩 */
    int i;
    for(i=0; i<n; i++) {
        printf("请输入第%d个成绩：", i+1);
        scanf("%d", &a[i]);
    }
}
void outputscore(int a[], int n) {             /* 输出成绩 */
    int i;
    for(i=0; i<n; i++) {
        printf("%d ", a[i]);
    }
    printf("\n");
```

```
    }
    void sort(int a[], int n) {
        int i, j, k, temp;
        for(i=0; i<n-1; i++) {
            k=i;
            for(j=i+1; j<n; j++)
                if(a[k]>a[j])
                    k=j;
            if(k! =i) {
                temp=a[i];
                a[i]=a[k];
                a[k]=temp;
            }
        }
    }
    int main() {
        int score[60], scorenum;
        printf("请输入成绩个数(1-60)：");
        scanf("%d", &scorenum);
        inputscore(score, scorenum);
        printf("排序前的成绩为：\n");
        outputscore(score, scorenum);
        sort(score, scorenum);
        printf("排序后的成绩为：\n");
        outputscore(score, scorenum);
        system("pause");
        return 0;
    }
```

运行结果如图 5.14 所示。

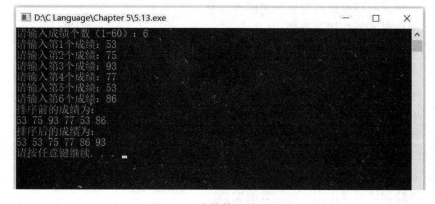

图 5.14 成绩算法结果显示

理解函数的模块化程序设计：班长相当于主函数，负责整个任务的统筹组织；班级中每个组负责一个功能，相当于子函数。函数讲究的是合作，各司其职增强了团结、合作意识，成员之间互相帮助，各取所长，使得学习效率更高，进度更快。

本 章 小 结

本章介绍了函数的模块化程序设计思想和原则，包括函数的定义、函数的调用和函数的递归调用；详述了变量的作用域和存储方式，以及全局变量、局部变量、自动变量和静态变量的特点与应用；还介绍了函数的编译预处理功能，使程序更易于理解和移植。

习　　题

一、选择题

1. 对 C 语言中的实参和形参，下列不正确的说法是（　　）。
   A. 实参可以是常量、变量或表达式
   B. 形参可以是常量、变量或表达式
   C. 实参可以为任意类型
   D. 形参应与其对应的实参类型一致

2. 下列程序有语法性错误，有关错误原因的正确说法是（　　）。

```
int main()
{   int G=5, k;
    void   prt_char();
    ...
    k=prt_char(G);
    ...
}
```

   A. 语句 void prt_char();有错，它是函数调用语句，不能用 void 说明
   B. 变量名不能使用大写字母
   C. 函数说明和函数调用语句之间有矛盾
   D. 函数名不能使用下画线

3. 下列正确的说法是（　　）。
   A. 函数的定义可以嵌套，但函数的调用不可以嵌套
   B. 函数的定义不可以嵌套，但函数的调用可嵌套
   C. 函数的定义和调用均不可以嵌套
   D. 函数的定义和调用均可以嵌套

4. 若已定义的函数有返回值，则下列关于该函数调用的叙述中错误的是（　　）。
   A. 函数调用可以作为独立的语句存在
   B. 函数调用可以作为一个函数的实参
   C. 函数调用可以出现在表达式中
   D. 函数调用可以作为一个函数的形参

5. 下列各函数首部中，正确的是(　　)。

    A. void play(var ：Integer，var b：Integer)

    B. void play(int a，b)

    C. void play(int a，int b)

    D. Sub play(a as integer，b as integer)

6. 在调用函数时，如果实参是简单变量，它与对应形参之间的数据传递方式是(　　)。

    A. 地址传递

    B. 单向值传递

    C. 由实参传给形参，再由形参传回实参

    D. 传递方式由用户指定

7. 关于函数参数，说法正确的是(　　)。

    A. 实参与其对应的形参各自占用独立的内存单元

    B. 实参与其对应的形参共同占用一个内存单元

    C. 只有当实参和形参同名时才占用同一个内存单元

    D. 形参是虚拟的，不占用内存单元

8. 一个函数的返回值由(　　)确定。

    A. return 语句中的表达式

    B. 调用函数的类型

    C. 系统默认的类型

    D. 被调用函数的类型

9. 下列正确的函数形式是(　　)。

    A. double fun(int x，int y)   B. fun(int x，y)

    { z＝x＋y；return z；}   { int z；return z；}

    C. fun(x，y)   D. double fun(int x，int y)

    { int x，y；double z；z＝x＋y；return z；} { double z；z＝x＋y；return z；}

10. 下列程序的输出结果是(　　)。

```
fun(int a, int b, int c)
{
    c＝a＋b;
}
int main()
{ int c;
    fun(2, 3, c);
    printf("%d\n", c);
    return 0;
}
```

    A. 2   B. 3   C. 5   D. 无定值

11. 下列程序的运行结果是(　　)。

```
func(int a, int b)
```

```
{
    int temp=a;
    a=b; b=temp;
}
int main()
{
int x, y;
x=10; y=20;
func(x, y);
printf(("%d, %d\n", x, y);
return 0 ;
}
```

  A. 10，20   B. 10，10   C. 20，10   D. 20，20

12. 有下列程序：

```
int f(int n)
{ if(n==1) return 1;
else return f(n-1)+1;
}
int main()
{ int i, j=0;
for(i=1; i<3; i++) j+=f(i);
printf("%d\n", j);
return 0;
}
```

  程序运行后的输出结果是(　　　)。

  A. 4   B. 3   C. 2   D. 1

13. 有下列程序：

```
#include "stdio. h"
int fun(int x)
{ printf("x=%d\n", ++x);
}
int main()
{ fun(12+5); return 0;
}
```

  程序的输出结果是(　　　)。

  A. x=12   B. x=13   C. x=17   D. x=18

二、判断题

1. return 语句作为函数的出口，在一个函数体内只能有一个。   (　　)

2. 在 C 语言程序中，函数不能嵌套定义，但可以嵌套调用。   (　　)

3. C 语言的源程序中必须包含库函数。   (　　)

4. 在 C 语言程序中，函数调用不能出现在表达式语句中。   (　　)

5. 在 C 语言函数中，形参可以是变量、常量或表达式。   (　　)

6. 在 C 语言中，一个函数一般由两个部分组成，分别是函数首部和函数体。 （ ）

7. 若定义的函数没有参数，则函数名后的圆括号可以省略。 （ ）

8. 函数的函数体可以是空语句。 （ ）

9. 函数的实参和形参可以是相同的名字。 （ ）

10. C 语言中函数返回值的类型由 return 语句中表达式的类型决定。 （ ）

11. C 语言程序中的 main( )函数必须放在程序的开始部分。 （ ）

12. 函数调用中，形参与实参的类型和个数必须保持一致。 （ ）

三、编程题

已有变量定义语句和函数调用语句"int x＝57；isprime(x)；"，函数 isprime( )用来判断整型数 x 是否为素数，若是素数，则函数返回 1，否则返回 0。试编写 isprime 函数（注：不可修改主函数）。

第六章 指   针

指针是 C 语言中的一种数据类型，通过指针可以间接访问各种不同的变量，丰富了 C 语言的功能。指针作为 C 语言的核心内容，也是学习 C 语言比较困难的部分。本章主要介绍指针与指针变量的概念、指针与数组、指针与字符串、指针与函数、指针数组等。

6.1 指针与指针变量

6.1.1 指针的概念

计算机中所有的数据都存放在内存中，内存是以字节为单位的一片连续的存储空间，一般把内存中的一个字节称为一个内存单元。为了方便访问，给每个内存单元一个编号，这些编号称为内存单元的地址，可以通过地址访问对应的内存单元。

不同的数据类型所占内存单元不同。例如，一个整型数据占 4 个字节单元，一个字符数据占 1 个字节单元。若有如下定义：

    int a；

    char ch；

则给整型变量 a 分配 4 个字节的存储空间，给字符型变量 ch 分配 1 个字节的存储空间，空间分配如图 6.1 所示。

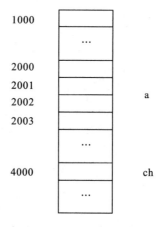

图 6.1 变量 a 和 ch 在内存中空间分配示意图

通常把分配给变量的存储空间的首字节单元地址作为变量的地址。如变量 a 地址为2000，变量 ch 的地址为 4000。程序经过编译后，会将变量名转换为变量的地址，对变量进行访问、赋值都是直接通过地址进行的。这种直接通过变量名或者地址存取变量的方式称为直接存储方式。

与直接存储方式相对应的是间接存储方式。这种方式通过定义一种特殊的变量，存放其它变量的地址，这样就可以先访问这个特殊的变量，然后根据这个变量存储的地址值再去访问相对应的存储单元，如图 6.2 所示。特殊变量 p 的存储地址为 6000，p 中存储的是变量 a 的地址即 2000。要访问变量 a 时，可以先通过访问特殊变量 p 得到其值 2000，即 a 的地址，再根据地址 2000 去访问它所指向的存储空间。这种间接地通过特殊变量 p 得到变量 a 的地址，然后再访问变量 a 的方式称为间接存储方式。在 C 语言中，通常用指针来表示变量 p 指向变量 a 的这种指向关系。

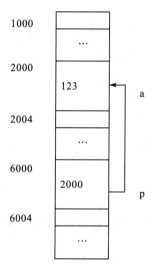

图 6.2 变量 p 指向变量 a 示意图

一般把内存单元的地址称为内存单元的指针，简称指针。一个变量的指针就是该变量的地址，2000 就是指向变量 a 的指针。专门用来存放地址的变量称为指针变量，图 6.2 中的特殊变量 p 就是一个指针变量，它存放的是变量 a 的地址 2000。

6.1.2 指针变量的定义与使用

变量需要先定义后使用，指针变量也应遵循这个原则。

1. 指针变量的定义

指针变量定义的一般形式为：

    类型名 * 指针变量名;

其中，"＊"表示这是一个指针变量，即定义变量为指针变量；"类型名"表示该指针所指向的变量的数据类型。

例如：

    int * p;
    float * q;
    char * r;

上述 3 种表达方式分别定义了 3 个指针变量 p、q、r，p 的值是某个整型变量的地址，q 的值是某个浮点型变量的地址，r 的值是某个字符型变量的地址；或者说 p 指向一个整型变量，q 指向一个浮点型变量，r 指向一个字符型变量。

需要注意的是：① 指针变量名是 p、q、r，而不是 *p、*q、*r；② 类型名不是指针变量本身的数据类型，而是指针所指向的变量的数据类型，如指针 p 只能指向 int 变量，而不能指向 float 变量，也不能指向 char 变量。

2. 指针变量的使用

与指针有关的两个运算符是 & 和 *。

(1) & 为取地址运算符，可用于获取变量的地址。

一般形式为：

&变量名

例如，&a 表示变量 a 的地址，&b 表示变量 b 的地址。

(2) * 为指针运算符，或称为间接访问运算符，通过它可以间接访问指针变量所指向的存储单元。

一般形式为：

*指针变量名

注意：此处的 * 为指针运算符，不是定义指针变量。

例如：

```
int a=2;      /*定义了整型变量 a，a 对应的内存单元中存储的值为 2*/
int   *p;     /*定义了一个指针变量 p*/
p=&a;         /*将变量 a 的地址赋值给指针变量 p，即 p 指向 a*/
```

其中，*p 表示间接访问指针 p 所指向的变量 a 的存储单元，即 *p 与 a 完全等价，*p 可以像变量 a 一样使用。

【例 6.1】 指针运算符示例。

```
#include<stdio.h>
void main()
{
    int a=2;
    int *p;
    p=&a;
    printf("a=%d, *p=%d\n", *p, a);          /*p 与变量 a 完全等价*/
    printf("a=%d, *p=%d\n", *p+3, a+3);      /*p 与变量 a 完全等价*/
}
```

程序运行结果如图 6.3 所示。

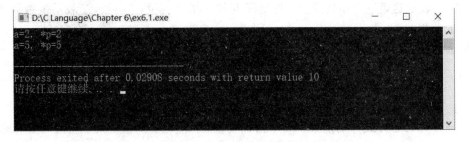

图 6.3　指针运算符示例运行结果显示

3. 指针变量的赋值

指针变量和普通变量一样，定义之后也需要赋值。如果指针变量只定义不赋值，指针所指向的存储单元是不确定的，引用指针产生的结果也是不确定的。可以通过以下几种方式对指针变量赋值。

（1）通过地址运算符 & 进行赋值。例如：

```
int a＝5，* p＝&a;          /* 将变量 a 的地址赋值为指针变量 p，p 指向 a */
char ch＝'A'，* q＝&ch;     /* 将变量的 ch 的地址赋值为指针变量 q，q 指向 ch */
```

（2）通过指针变量进行赋值。例如：

```
int a＝5，* p＝&a，* q;
q＝p;                      /* 把指针变量 p 赋值给指针变量 q，q 指向 a */
```

（3）给指针变量赋空值。空指针用 NULL 表示，NULL 是头文件 stdio.h 中定义的常量，其值为 0，在使用时应加上头文件，例如：

```
#include<stdio.h>
int * p＝NULL;             /* 定义了一个空指针 */
```

【例 6.2】 使用指针变量实现交换两个变量的值。

```
#include<stdio.h>
void main()
{
    int a, b, * p, * q, temp;
    printf("请输入 a, b 的值：");
    scanf("%d%d", &a, &b);
    printf("a＝%d, b＝%d\n", a, b);
    p＝&a;
    q＝&b;
    temp＝ * p;
    * p＝ * q;
    * q＝temp;
    printf("交换后 a, b 的值：\n");
    printf("a＝%d, b＝%d\n", a, b);
    printf(" * p＝%d, * q＝%d\n", * p, * q);
}
```

程序运行结果如图 6.4 所示。

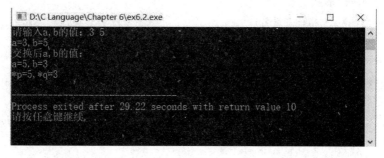

图 6.4 指针变量实现两个值互换示例运行结果显示

6.1.3　指针变量的运算

1. 指针变量的算术运算

一个指针可以加、减一个整数 n，结果不是指针值直接加 n 或者减 n，而是与指针所指对象的数据类型有关，指针变量的值应该增加或减少"n * sizeof(指针类型)"。例如：

```
int a＝2, b＝3, * p；
p＝&a；
```

假设变量 a 的起始地址为 1000，即 p 的值为 1000，变量 b 的起始地址为 1004。p＝p+1；表示指针向后移动一个整型变量的位置，p 的值为 1000+1 * sizeof(int)＝1000+1 * 4＝1004，p 指向了 b，其算术运算如图 6.5 所示。

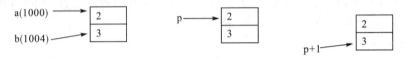

图 6.5　指针变量的算术运算

指针的运算可以这样理解：

p＝p+n；表示指针 p 向高地址方向移动 n 个存储单元块(一个存储单元块为指针所指向的变量所占的字节长度)。

p＝p-n；表示指针 p 向低地址方向移动 n 个存储单元块。

p++，++p 表示指针 p 向高地址移动一个存储单元块。

p--，--p 表示指针 p 向低地址移动一个存储单元块。

2. 指针变量的关系运算

指针可以进行关系运算。如果指针 p 和 q 指向相同数据类型的变量，可以使用＞、＞＝、＜、＜＝、＝＝、!＝比较指针值的大小。如果 p＞q 成立，即表达式 p＞q 的结果为 1，则指针 p 的值大于指针 q 的值。

6.1.4　多级指针

指针可以指向基本数据变量，也可以指向指针变量。如果一个指针变量的值是另一个指针变量的地址，这种指向指针的指针变量称为指针的指针，或称多级指针。

下面以二级指针为例来说明多级指针的定义与使用。

二级指针的一般形式为：

```
数据类型　＊＊指针变量名；
```

例如：

```
int a＝10, * p, * * pp；
p＝&a；
pp＝&p；
```

如果变量 a 的地址为 1000，指针变量 p 的地址为 2000，指针变量 pp 的地址为 3000，则变量 a、指针变量 p、指针变量 pp 三者之间的关系如图 6.6 所示。

图 6.6 二级指针示意图

指针 p 中保存的是变量 a 的地址，即 p 指向 a。指针 pp 中保存的是指针 p 的地址，即 pp 指向指针变量 p。此时，可以使用 * p 引用变量 a，也可以使用 * * pp 引用变量 a。

【例 6.3】 二级指针的示例。

```
# include<stdio. h>
void main()
{
    int a=10；
    int * p, * * pp；                    /* 定义指针变量 p 及二级指针变量 pp * /
    p=&a；                               /* p 指向 a * /
    pp=&p；                              /* pp 指向 p * /
    * p=100；                            /* 此处 * 为指针运算符 * /
    printf("a=%d\n", a)；                /* 直接访问变量 a * /
    printf(" * p=%d\n", * p)；           /* 通过指针 p 间接访问变量 a * /
    printf(" * * pp=%d\n", * * pp)；     /* 通过二级指针 pp 间接访问变量 a * /
}
```

程序运行结果如图 6.7 所示。

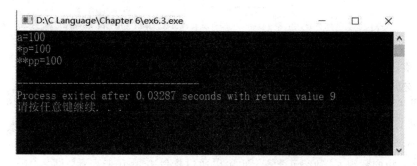

图 6.7 二级指针示例运行结果显示

6.2 指 针 与 数 组

一个数组包含若干类型相同的数据元素，每个数组元素都有自己的地址。指针就是地址，数组各元素的地址可以用指针来表示。由于数组在内存中占用一片连续的区域，可以用指向数组的指针间接访问数组的各个元素。

6.2.1 指针与一维数组

C 语言中规定，数组名代表数组的首地址，也就是第一个数组元素的地址，所以数组名是一个指针常量。定义一个指向数组元素的指针变量的方法与定义指向普通变量的指针变量的方法相同。例如：

```
int a[5]={1,2,3,4,5};  /* 定义了一个包含 5 个整数的整型数组 a */
int * p;               /* 定义了一个指向整型变量的指针变量 p */
p=a;                   /* 将数组 a 的首地址赋值给 p,等价于 p=&a[0],指针 p 指向数组 a */
```

其中，p、a 的关系如图 6.8 所示。指针 p 指向了数组 a，p、a、&a[0]均指向了数组 a 的首地址，可以使用指针 p 对数组 a 的第一个数组元素进行访问。例如：

```
printf("%d", * p);   /* 输出数组第一个元素,等价于 printf("%d", a[0]); */
```

注意：指针 p 是变量，数组名 a、&a[0]都是常量。

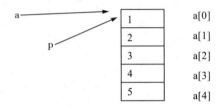

图 6.8　数组指针示意图

通过指针访问数组的其它元素可以通过指针变量的运算实现。如果 p 指向数组 a(p 指向 a[0]），则 p+1 指向数组元素 a[1]，p+2 指向数组元素 a[2]，p+i 指向数组元素 a[i]，如图 6.9 所示。

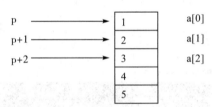

图 6.9　指针访问数组其它元素

在前面介绍数组时，采用下标法引用数组元素，如数组 a 的 n 个元素分别为 a[0]，a[1]，a[2]，…，a[i]，…，a[n−1]。在 C 语言中，数组元素 a[i]可以用指针来表示，即：*(a+i)，i=0，1，…，n−1。这里 a+i 表示第 i 个元素的地址。

若指针 p 指向数组 a，数组元素 a[i]也可以通过指针变量 p 来表示，即 *(p+i)或者 p[i]，i=0，1，…，n−1。

因此，数组 a 的元素 a[i]可以用数组下标、数组首地址、指向数组的指针等多种方式来表示，即：

$$a[i] \Leftrightarrow *(a+i) \Leftrightarrow *(p+i) \Leftrightarrow p[i]$$

其中 i=0，1，…，n−1。

【**例 6.4**】　输出数组 a 中所有元素。

```
#include<stdio.h>
void main()
{
    int a[5]={1,2,3,4,5};
    int * p, i;
```

```
        for(i=0; i<5; i++)
            printf("%2d", a[i]);           /* 下标表示法 */
        printf("\n");

        for(i=0; i<5; i++)
            printf("%2d", *(a+i));         /* 首地址表示法 */
        printf("\n");

        p=a;
        for(i=0; i<5; i++)
            printf("%2d", *(p+i));         /* 指针表示法 */
        printf("\n");

        for(p=a; p<a+5; p++)
            printf("%2d", *p);             /* 指针表示法 */
        printf("\n");

        p=a;
        for(i=0; i<5; i++)
            printf("%2d", p[i]);           /* 指针下标表示法 */
        printf("\n");
}
```

程序运行结果如图 6.10 所示。

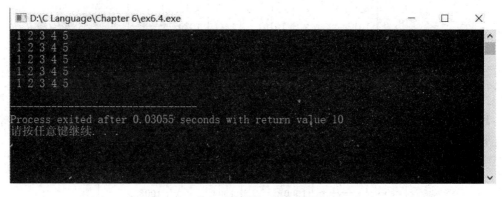

图 6.10　数组元素输出示例运行结果显示

　　从例 6.4 中可以看出，下标表示法和指针表示法都可以表示数组元素，a[i]、*(a+i)、
*(p+i)、p[i]这 4 种表示方式是等价的。下标法更加直观，可以通过下标知道数组元素在
数组中的位置；指针法更加灵活，通过指针变量就可以访问数组中的其它数据元素，效率
更高。

　　此外，在使用指向数组的指针时还需要注意以下几方面：

　　（1）指针变量 p 是变量，其值可以变化，表达式 p++是有效的；而数组的首地址 a 是
指针常量，它的值是不能修改的，所以不能进行 a++的操作。

（2）＊p++相当于＊(p++)，运算符＊和运算符++优先级相同，都是右结合。如果 p 指向 a，则＊p++的功能是先获得 a[0]的值，然后再执行 p＝p+1。

（3）＊(++p)与＊(p++)功能是不相同的。如果 p 指向 a，则＊(++p)先执行 p＝p+1，即 p 指向 a[1]，然后获得指针所指向的数据元素 a[1]；而＊(p++)是先获得 p 所指向的数据元素 a[0]，然后再执行 p＝p+1，即 p 指向 a[1]。

（4）(＊p)++表示将 p 指向的数据元素的值加 1。如果 p 指向 a，则(＊p)++表示 a[0]+1。

6.2.2　指针与二维数组

1. 二维数组地址的行地址与列地址

设有整型二维数组 a[2][3]定义如下：

    int a[2][3]＝{{1，2，3}，{4，5，6}}；

即

$$a[2][3]=\begin{bmatrix} 1 & 2 & 3 \\ 4 & 5 & 6 \end{bmatrix}$$

二维数组 a[2][3]中含有 6 个元素，设数组 a 的首地址为 1000，每个元素占 4 个字节，则 6 个元素的地址和对应的值如图 6.11 所示。

a[0][0]	a[0][1]	a[0][2]
1000	1004	1008
1	2	3
a[1][0]	a[1][1]	a[1][2]
1012	1016	1020
4	4	6

图 6.11　二维数组各元素

二维数组的每一行可以看成一个一维数组，数组 a 中有 2 个一维数组 a[0]和 a[1]，每个一维数组中又含有 3 个元素。例如，a[0]一维数组含有 a[0][0]、a[0][1]、a[0][2]等 3 个元素，如图 6.12 所示。

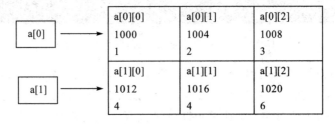

图 6.12　二维数组分解为两个一维数组

数组名 a 代表二维数组的首地址 1000，同时也是二维数组第一行的首地址。a+1 代表第 2 行的首地址，每行有 3 个元素，每个元素占 4 个字节，所以 a+1 的地址值为 1000+4＊3＝1012。这种地址称为行地址，如图 6.13 所示。

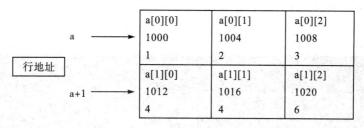

图 6.13　行地址

一维数组 a[0]和 a[1]分别是第一行和第二行的数组名，a[0]代表一维数组 a[0]的首地址 1000，a[1]代表一维数组 a[1]的首地址 1012。a[0]+1 代表 a[0][1]的地址，a[0]+2 代表 a[0][2]的地址，a[1]+1 代表 a[1][1]的地址，a[1]+2 代表 a[1][2]的地址。这种地址称为列地址，如图 6.14 所示。

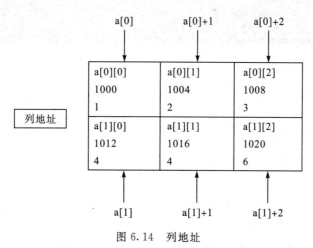

图 6.14　列地址

综上可知，行地址+1 表示下一行的首地址，即 a+1 等价于 &a[1][0]；列地址+1 表示下一列的地址，即 a[0]+1 等价于 &a[0][1]。

2. 指向二维数组的指针变量

（1）指向数组元素的指针变量。

指向数组元素的指针变量与普通的指针变量定义相同，指针变量类型与指向的数组元素类型一致。

【例 6.5】　利用指针变量输出二维数组的所有元素。

```c
#include<stdio.h>
void main()
{
    int a[3][4]={{1, 2, 3, 4}, {5, 6, 7, 8}, {9, 10, 11, 12}};
    int * p;
    for(p=&a[0][0]; p<&a[0][0]+3*4; p++)
    printf("%3d\n", * p);
}
```

程序运行结果如图 6.15 所示。

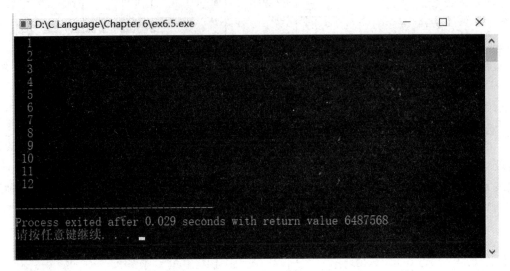

图 6.15　二维数组输出示例运行结果显示

（2）指向一行的指针变量。

指向一行的指针变量也称行指针，一般形式为：

数据类型（＊指针变量名）[一维数组长度]；

需要注意的是，小括号一定不能省略，指针变量＋1 表示指向下一行，即内存偏移量为数据类型的字节数＊一维数组长度。

例如，语句 int（＊p）[4]；表示定义了一个指针 p 指向含有 4 个元素的一行的首地址，p＋1 表示指向了下一行的首地址。

【例 6.6】　利用行指针输出二维数组的所有元素。

```c
#include<stdio.h>
void main()
{
    int a[3][4]={{1,2,3,4},{5,6,7,8},{9,10,11,12}};
    int (*p)[4];
    p=a;                /*p指向数组a的第一行*/
    int i,j;
    for(i=0;i<3;i++)
        {
            for(j=0;j<4;j++)
                printf("%3d",*(*(p+i)+j));
            printf("\n");
        }
}
```

程序运行结果如图 6.16 所示。

图 6.16　利用行指针输出二维数组示例运行结果显示

6.3　指针与字符串

6.3.1　字符串指针

C 语言中的字符串一般保存在字符数组中，例如，char str[]="student";定义了一个字符数组 str，数组中存放了字符串"student"，可以通过数组下标访问单个字符，如通过 str[0]可以访问字符's'，如图 6.17 所示。

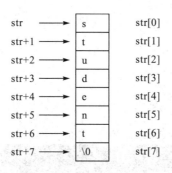

str	→	s	str[0]
str+1	→	t	str[1]
str+2	→	u	str[2]
str+3	→	d	str[3]
str+4	→	e	str[4]
str+5	→	n	str[5]
str+6	→	t	str[6]
str+7	→	\0	str[7]

图 6.17　字符串指针

同整数数组一样，数组名表示字符数组的首地址，属于常量指针。str 是字符数组的首地址，属于常量指针，str+1 指向第二个字符't'，即 *(str+1)等价于't'。

此外，可以定义一个指向字符串的指针变量，通过这个指针变量访问字符串。指向字符串的指针变量可以称为字符串指针，一般形式定义如下：

　　char *指针变量名=字符串常量；

例如：

　　char *ch="I love China!";

指针变量 ch 指向字符串的第一个字符即首地址，可以通过 ch+i 访问其它字符。

【例 6.7】　字符指针输出字符串。

```
#include<stdio.h>
void main()
{
    char *ch="I love China!";
```

```
        printf("%s", ch);
    }
```

程序运行结果如图 6.18 所示。

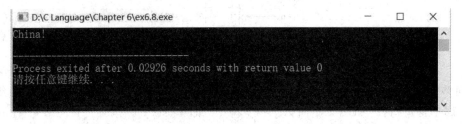

图 6.18　字符指针示例运行结果显示

注意：char * ch="I love China!";等价于 char * ch;ch="I love China!";，不能写成 *ch="I love China!"。对字符串的整体输出实际上是从指针所指示的字符开始逐个显示，直至遇到字符串结束符'\0'为止。

【例 6.8】　输出字符串中 n 个字符后的所有字符。

```
    #include<stdio.h>
    void main()
    {
        char * ch="I love China!";
        int n=7;
        ch=ch+n;
        printf("%s\n", ch);
    }
```

程序运行结果如图 6.19 所示。

图 6.19　输出指定位置字符串示例运行结果显示

6.3.2　字符型指针与字符数组的区别

字符型指针和字符数组都可以处理字符串，但两者之间是有区别的。在使用时需要注意：

（1）字符型指针变量本身是一个变量，定义后编译系统为其分配一个用于存放地址的内存单元，具体指向的内存单元需要通过给指针变量赋值来确定。字符数组定义后，编译系统会为其分配一段连续的内存单元，首地址由数组名表示。

（2）字符指针可以整体赋值，字符数组只能针对每个元素单独赋值。

例如：

```
        char ＊ch＝"I love China!";
```

可以写成

```
        char ＊ch;
        ch＝"I love China!";        ／＊正确,ch是指针变量,字符串整体赋值＊／
```

　但下列语句

```
        char a[20]＝"I love China!";
```

不能写成

```
        char a[20];
        a＝"I love China!";        ／＊错误,a代表首地址,只能存放一个字符,不能整体赋值＊／
```

　　综上所述,字符型指针变量与字符数组在使用时有所区别,指针变量更加灵活、方便。

6.4　指　针　与　函　数

6.4.1　指针变量作为函数参数

　　指针变量可以作为函数参数,函数调用的过程中,指针作为函数参数将一个变量的地址传递给对应的形参。

　　【例 6.9】　输入两个整数,按从大到小的顺序输出。

```
    ＃include＜stdio. h＞
        void swap(int ＊p, int ＊q)
    {
    int temp;
    temp＝＊p;
    ＊p＝＊q;
    ＊q＝temp;
    }
    void main()
    {
        int a, b;
        int ＊p1, ＊q1;
            printf("请输入两个整数:");
        scanf("%d%d", &a, &b);
        p1＝&a;
        q1＝&b;
        if(a＜b)
        swap(p1, q1);            ／＊调用 swap 函数＊／
        printf("按大小顺序输出:");
        printf("%d %d", ＊p1, ＊q1);
    }
```

　　程序运行结果如图 6.20 所示。

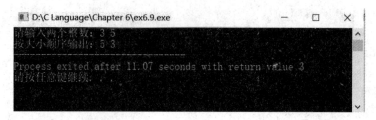

图 6.20 比较大小示例运行结果显示

swap 函数是自定义函数，形参 p、q 是指针变量，功能是交换两个变量的值。主函数中调用 swap 函数时，实参 p1、q1 也是指针变量，p1 指向 a，q1 指向 b，将 p1 指向的地址传递给 p，q1 指向的地址传递给 q，即 p 指向 a，q 指向 b，然后完成互换。

使用指针交换两个变量的值时，需要注意指针变量的用法，下面的几种算法都是错误的，都不能完成交换两个变量的值。

```c
void swap1(int * p, int * q)
{
    int temp;
    temp=p;
    p=q;
    q=temp;
}
void swap2(int * p, int * q)
{
    int * temp;
    * temp= * p;
    * p= * q;
    * q= * temp;
}
void swap3(int * p, int * q)
{
    int * temp;
    temp=p;
    p=q;
    q=temp;
}
```

在函数 swap1 中，p 是指针变量，存放的是一个变量的地址，语句 temp＝p；执行之后，temp 中存放的也是地址值；语句 p＝q；和 q＝temp；执行后，互换的是变量的地址值，不会完成变量值的互换。

在函数 swap2 中，temp 是指针变量，没有给 temp 赋初值，temp 指向不特定的变量，这是不允许的，不会完成变量值的互换。

在函数 swap3 中，temp 是指针变量，语句 temp＝p；p＝q；q＝temp；执行之后，互换的是变量的地址值，不会完成变量值的互换。

由上述例子可以看出遵守规则的重要性，指针的灵活性是在符合指针语法前提下才有的特性，如果不遵循指针的语法规则将会出现错误。在规则框架内，才可以自由随心。

6.4.2　数组名作为函数参数

数组名作为函数的参数，传递的也是地址。

【例 6.10】　将整数数组中的元素逆置。

解题思路：数组的第一个元素和最后一个互换，第二个元素和倒数第二个互换，……，直到中间位置的两个元素互换，才可以完成数组的元素逆置。

```
#include<stdio.h>
void inverse(int a[], int n)
{
    int i, j, mid=(n-1)/2, temp;
    for(i=0; i<=mid; i++)
    {
        j=n-1-i;
        temp=a[i];
        a[i]=a[j];
        a[j]=temp;
    }
}
void main()
{
    int b[10]={1, 2, 3, 4, 5, 6, 7, 8, 9, 10};
    int i;
    printf("输出原数组的元素：\n");
    for(i=0; i<10; i++)
        printf("%4d", b[i]);
    printf("\n");
    inverse(b, 10);        /* 调用 inverse 函数 */
    printf("输出数组逆置后的元素：\n");
    for(i=0; i<10; i++)
        printf("%4d", b[i]);
}
```

程序运行结果如图 6.21 所示。

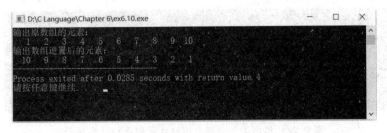

图 6.21　数组逆置示例运行结果显示

这里 inverse 函数是自定义函数，函数的形参是数组名 a 和代表数组元素个数的 n，主函数调用 inverse(b，10)函数时，把数组 b 的首地址传递给形参 a，10 传递给 n，即对数组 b 的 10 个元素进行逆置。

此外，inverse 函数的形参数组名 a 可以用指针变量代替，改成指针变量后的程序如例 6.11 所示。

【**例 6.11**】　用指针变量实现数组元素的逆置。

```
#include<stdio.h>
void inverse(int * p, int n)
{
    int * q, * i, * j, mid=(n-1)/2, temp;
    i=p; j=p+n-1; q=p+mid;
    for(; i<=q; i++, j--)
    {
        temp= * i;
        * i= * j;
        * j=temp;
    }
}
void main()
{
    int a[10]={1, 2, 3, 4, 5, 6, 7, 8, 9, 10};
    int i;
    printf("输出原数组的元素：\n");
    for(i=0; i<10; i++)
        printf("%4d", a[i]);
    printf("\n");
    inverse(a, 10);            /* 调用函数 inverse */
    printf("输出数组逆置后的元素：\n");
    for(i=0; i<10; i++)
        printf("%4d", a[i]);
}
```

程序运行结果如图 6.22 所示。

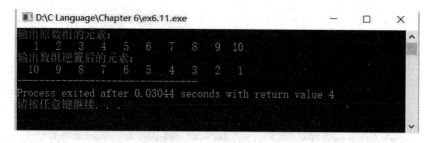

图 6.22　利用指针实现数组逆置示例运行结果显示

作为函数参数的指针和作为函数参数的数组名传递的都是地址，在一些情况下是可以组合在一起使用的,采用何种组合方式要视情况而定。

(1) 形参是指针变量,实参是数组名,例如:

```
f(int * p)
{…}
main()
{
    int a[5];
    f(a);
}
```

(2) 形参是数组名,实参是指针变量,例如:

```
f(int b[])
{…}
main()
{
    int a[5];
    Int * p=a;
    f(p);
}
```

(3) 形参是数组名,实参是数组名,例如:

```
f(int b[])
{…}
main()
{
    int a[5];
    f(a);
}
```

(4) 形参是指针变量,实参是指针变量,例如:

```
f(int * q)
{…}
main()
{
    int a[5];
    Int * p=a;
    f(p);
}
```

由上述例子可以看出解决同一个问题可以用不同方案,正所谓条条大路通罗马,秉承着实事求是的态度,具体问题具体分析,选择最优化的方案。这也是在学习和生活中都要有的态度。

6.4.3　返回指针的函数

函数的返回值可以是各种基本数据类型,如整型、字符型等,也可以是指针类型。

返回指针的函数一般形式为:

数据类型　＊函数名(参数列表)

　　　　　　｛…｝　　　　　　　　／＊函数体＊／

其中，函数名前的 ＊ 表示函数的返回值是一个指针，＊前的数据类型表示返回的指针所指向的数据类型。

例如：

int ＊fun(int a, int b)

｛…｝

这里定义了一个函数 fun，形参为整型 a、b，函数的返回值类型是一个指向整数的指针，即函数 fun 的返回值是指向整数的地址。

【例 6.12】 求社团 10 个成员比赛成绩的最高分，要求用指针函数实现。

```c
#include<stdio.h>
int * max(int a[], int n)
{
    int i, k=0, * q=a;
    for(i=1; i<n; i++)
    {
        if(a[k]<a[i])
            k=i;                /* k 为最高分的下标 */
    }
    return q+k;
}
void main()
{
    int score[10]={66, 87, 58, 98, 78, 82, 76, 93, 84, 88};
    int * p;
    p=max(score, 10);           /* 调用 max 函数 */
    printf("社团成员最高分为：%d", * p);
}
```

程序运行结果如图 6.23 所示。

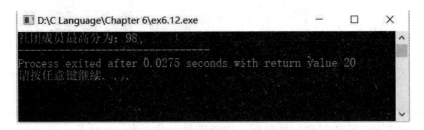

图 6.23　求比赛最高成绩示例运行结果显示

6.4.4　指向函数的指针

C语言中的指针可以指向整型、字符型、指针型等基本数字类型，还可以指向函数。与数组名类似，函数名代表该函数的入口地址。如果定义一个指针变量，其值等于某个函数的入口地址，即指向这个函数，那么可以通过这个指针变量调用这个函数。这种指针变量称为指向函数的指针。

指向函数的指针变量的一般形式如下：

数据类型(＊指针变量名)；

其中，数据类型为指针所指函数的返回值类型。

例如：

int (＊fp)()；

该程序定义了一个指向函数的指针 fp，fp 所指向的函数的返回值类型只能是 int。

与普通的指针变量一样，指向函数的指针变量也需要赋值才能引用。将某个函数的入口地址赋给指向函数的指针变量，即将函数名赋值给这个指针变量，就可以利用这个指针变量调用所指向的函数。

例如：

```
int fun(int x, int y);        /＊声明函数 fun＊/
int (＊fp)();                 /＊定义指向函数的指针 fp＊/
fp＝fun;                      /＊fp 指向函数 fun，即将函数 fun 的入口地址赋值给 fp＊/
```

注意：在给指向函数的指针赋值时，只需给出函数名，不要加参数。fp＝fun(x, y)；不是给指针 fp 赋值的正确写法。

通过函数指针对函数调用的形式如下：

(＊指针变量名)(实参)；

例如：

```
int fun(int x, int y);        /＊声明函数 fun＊/
int (＊fp)();                 /＊定义指向函数的指针 fp＊/
fp＝fun;                      /＊fp 指向函数 fun，即将函数 fun 的入口地址赋值给 fp＊/
int result＝(＊fp)(2, 3);    /＊等价于 int result＝fun(2, 3); ＊/
```

【例 6.13】 输出两个整数中比较大的值，利用指向函数的指针实现。

```
#include<stdio.h>
int max(int x, int y)
{
    return (x>y? x: y);
}
void main()
{
    int a, b, c;
    int (＊p)();
    p＝max;           /＊指针 p 指向函数 max＊/
    printf("请输入两个整数：");
    scanf("%d%d", &a, &b);
    c＝(＊p)(a, b);   /＊通过指针 p 调用函数 max＊/
    printf("两个整数中较大值为：%d", c);
}
```

程序运行结果如图 6.24 所示。

图 6.24   利用指针比较大小示例运行结果显示

6.5 指 针 数 组

如果一个数组中的所有元素都是指针类型，则该数组为指针数组。指针数组是同类型的指针变量的集合。

定义指针数组的一般形式为：

数据类型 * 数组名[数组长度]；

其中，数据类型是指针的类型，即指针所指向的变量的类型。

例如：

int * p[5]；

上述程序定义了一个指针数组 p，p 中有 5 个数据元素，每个元素都是一个指向整型变量的指针，即数组 p 中有 5 个指针。

指针数组常用来处理一组字符串，数组中的每个指针指向一个字符串。

例如：

char * p[7]；   /* 定义了一个指针数组 p，p 中包含 7 个指向字符型数据的指针 */

char * p[7]={"Sunday", "Monday", "Tuesday", "Wednesday", "Thursday", "Friday",
              "Saturday"}；   /* 数组 p 初始化 */

指针数组的关系示意图如图 6.25 所示，数组元素 p[0]指向了字符串"Sunday"，p[1]指向了字符串"Monday"，p[2]指向了字符串"Tuesday"，p[3]指向了字符串"Wednesday"，p[4]指向了字符串"Thursday"，p[5]指向了字符串"Friday"，p[6]指向了字符串"Saturday"。

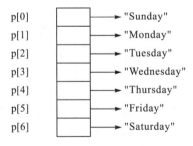

图 6.25   指针数组示意图

【6.14】   有若干书名，将这些名字按字典顺序排序。

```
#include<stdio. h>
#include<string. h>
void sort(char * q[], int n)
```

```
{
    char * t;
    int i, j, k;
    for(i=0; i<n-1; i++)
    {
        k=i;
        for(j=i+1; j<n; j++)
            if(strcmp(q[k], q[j])>0)
                k=j;                    /* k 为首字母比较靠前的字符串的下标 */
        if(k! =i)                       /* 将首字符比较靠前的字符串前移 */
        {
            t=q[i];
            q[i]=q[k];
            q[k]=t;
        }
    }
}
void main()
{
    char * p[]={"English", "Math", "Chinese", "Art"};
    int i, count;
    count=sizeof(p)/sizeof(char *);     /* 指针数组 p 中指针的个数 */
    sort(p, count);                     /* 调用函数 sort 给指针数组指向的字符串排序 */
    for(i=0; i<count; i++)
        printf("%7s\n", p[i]);
}
```

程序运行结果如图 6.26 所示。

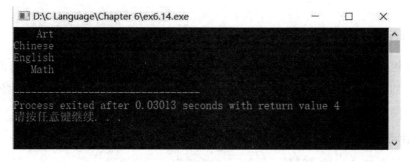

图 6.26　书名排序示例运行结果显示

拓展阅读 7

【例 6.15】　用指针正确输出数组 a 和数组 b。

```
#include<stdio.h>
void main()
{
    char a[40]="诚信乃立足之本!";
    char b[40]="失败乃成功之母!";
    char * ptr=a;
    printf("%s\n", ptr);
    char * p=b;
    printf("%s", p);
}
```

程序运行结果如图 6.27 所示。

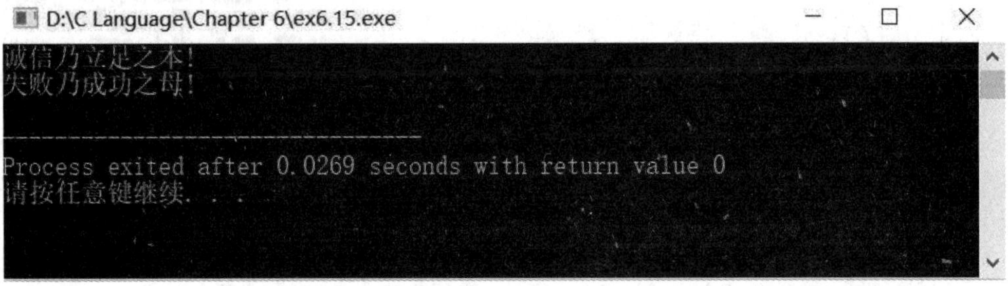

图 6.27　输出数组 a、b 的元素示例运行结果显示

本 章 小 结

指针是 C 语言的核心内容，也是学习的重点和难点之一。本章需要掌握的知识点总结如下：

1. 指针和指针变量的基本概念

指针即地址，指针变量保存的是其它变量的地址，通过这个地址就可以访问其所指向的内存单元的数据。通过指针的运算可以方便地改变指针的指向，从而可以达到利用同一指针处理不同存储单元的目的。

2. 指针与数组、指针与字符串、指针与函数

指针的最大特点就是灵活性，指针可以指向数组，也可以指向字符串，还可以指向函数等，这个优点在处理连续存储的数据时尤为突出。

3. 指针数组

指针数组是同类型的指针变量的集合。指针数组常用来处理一组字符串，数组中的每个指针指向一个字符串。

习　题

一、选择题

1. 变量的指针，其含义指该变量的（　　　）。

　　A. 值　　　　　　B. 地址　　　　　　C. 名称　　　　　　D. 一个标志

2. 若有定义：int x，* pb；则下列正确的赋值表达式是（　　　）。

　　A. * pb＝&x；　B. pb＝x；　　　　C. pb＝&x；　　　　D. * pb＝* x；

3. 若有定义：int a[5]，* p＝a；则对数组元素 a 的正确引用是（　　　）。

　　A. * &a[5]　　　B. a＋2　　　　　C. * (p＋5)　　　　D. * (a＋2)

4. 若有如下定义：int a[10]，* p＝a；则 p＋5 表示（　　　）。

　　A. a[5]的值　　　B. a[5]的地址　　C. a[6]的值　　　　D. a[6]的地址

5. 若有语句 int a＝4，* point＝&a；则下列均代表地址的一组是（　　　）。

　　A. a，point，* &a　　　　　　　　B. & * a，&a，* point

　　C. * &point，* point，&a　　　　　D. &a，& * point，point

6. int * p，m＝5，n；下列正确的程序段是（　　　）。

　　A. p＝&n；scanf("%d"，&p)；　　B. p＝&n；scanf("%d"，* p)；

　　C. scanf("%d"，&n)；* p＝n；　　D. p＝&n；* p＝m；

7. 下列能正确进行字符串赋值操作的是（　　　）。

　　A. char s[5]＝{"ABCDE"}；　　　B. char s[5]＝{'A'，'B'，'C'，'D'，'E'}；

　　C. char * s；s＝"ABCDE"；　　　D. char * s；scanf("%s"，s)；

8. 下列程序段的运行结果是（　　　）。

```
char str[]="abcde"，* s=str；
s+=2；printf("%d"，s)；
```

　　A. cde　　　　　　　　　　　　　B. 'c'

　　C. 字符'c'的地址　　　　　　　　　D. 字符'c'的 ASCII 码值

9. 已知 int a[3][4]，* p＝a；p+＝6；则与 * p 的值相同的是（　　　）。

　　A. * (a＋6)　　　　　　　　　　　B. * (&a[0]＋6)

　　C. * (a[1]+＝2)　　　　　　　　　D. * (&a[0][0]＋6)

10. 下列程序段的输出结果是（　　　）。

```
void main()
{
    int a=1，* p，* * pp；
    p=&a；pp=&p；a++；
    printf("%d，%d，%d"，a，* p，* * pp)；
}
```

　　A. 2，1，1　　　B. 2，1，2　　　C. 2，2，2　　　　　D. 编译会出错

11. 对于语句 int * p[5]；下列描述中正确的是（　　　）。

　　A. p 是一个指向数组的指针，其所指向的数组包含 5 个整型元素

　　B. p 是一个指向某数组中第 5 个元素的指针，该元素是整型

C. p[5]表示某个数组的第 5 个元素的值

D. p 是一个具有 5 个元素的指针数组，每个元素是一个整型指针

12. 若有以下程序：

```
void main()
{
    char *p[3]={"I", "love", "China"};
    char **pp=p;
    printf("%c, %s", *(*(p+1)+1), *(pp+1));
}
```

这段程序的输出是(   )。

A. I, I   B. o, o   C. o, love   D. I, love

二、填空题

1. "*"称为_____运算符，"&"称为_____运算符。

2. 若有 int a[5]={1, 3, 5, 7, 9}；int *p=a；,则使指针 p 指向值为 7 的数组元素的表达式是_____。

3. 若有 int m=2, n=5, *p=&n；则执行语句 m=*p；后 m 和 n 的值分别是_____。

4. 存放某个指针地址的变量称为指向指针的指针，即_____指针。

5. 如有 char a[3][10]={"BeiJing", "ShangHai", "TianJin"}, *p=a；,则能正确输出字符串"ShangHai"的语句是 printf(_____)；。

6. 下面程序的输出结果是_____。

```
void main()
{
    int a[]={2, 4, 6}, *p=&a[0], x=8, y, z;
    for(y=0; y<3; y++)
    z=(*(p+y)<x)? *(p+y): x;
    printf("%d\n", z);
}
```

三、判断题

1. 指针变量和变量的指针是同一个名词的不同说法。   （   ）

2. 一个指针变量可以直接加或减一个整数 n。   （   ）

3. int (*fp)()；定义了 fp 为一个函数指针，此函数的返回值类型是整型。（   ）

4. 若指针 p 指向一维数组 a，则 p+1 指向数组元素 a[2]。   （   ）

5. 若有 int a=8；int *p=&a；,则 *p 的值为 8。   （   ）

6. 指针变量定义后，使用前不要先赋值。   （   ）

四、编程题

1. 通过指针变量输出一维数组 a[10]的所有元素。

2. 利用指针实现任意输入的两个整数的交换。

3. 将字符串 a 赋值到字符串 b，要求用指针完成。

第七章　结构体、共用体和枚举类型

通过前面章节的学习，已了解到整型、字符型、浮点型等基本数据类型以及数组都只能表示单一类型的数据，但在实际应用中，通常会有不同类型的数据组成的实体。例如：需要处理班级中的学生信息，包含学号、姓名、性别、年龄、成绩、住址等数据项。这些类型不同的数据项是相互关联的一个整体，用基本数据类型或者数组无法实现，这就需要复合型的数组类型帮助实现操作。本章将介绍 3 种复合类型的数据——结构体、共用体和枚举类型。

7.1　结构体类型

对于学生信息这种不同数据类型的数据组成的实体，C 语言提供了一种实现的数据类型——结构体。结构体需要用户自定义，可根据实际需要定义不同的结构体类型。

7.1.1　结构体类型定义

结构体由若干成员组成，成员可以是不同的类型。定义结构体类型需要定义结构体类型的类型名，同时声明结构体包含成员的数据类型和成员名。结构体类型定义的一般形式为：

```
struct 结构体类型名
{
    数据类型 1    成员名 1;
    数据类型 2    成员名 2;
    ...
    数据类型 n    成员名 n;
};
```

其中，struct 是定义结构体类型的关键字，结构体类型名由用户自行定义。花括号中的内容是结构体的成员说明、成员的数据类型和成员名，成员名的命名规则同变量。

例如，学生信息可以用结构体来表示：

```
struct student
{
    int num;
    char name[20];
    char sex;
    int age;
    float score;
    char add[60];
};
```

这里，定义了一个名为 student 的结构体类型——struct student，结构体中包含 6 个成员 int num、char name[20]、char sex、int age、float score、char add[60]，分别表示学生的学号、姓名、性别、年龄、成绩和住址。

特别说明：struct student 是用户自定义的结构体类型，它和系统预定义的基本数据类型（int、char 等）一样，可以定义变量，使得变量成为 struct student 类型。

例如：

```
struct student stu1, stu2;
```

上述程序定义了两个 struct student 类型的变量 stu1、stu2。

定义结构体类型时，只声明了结构体类型的成员组成，并没有分配实际的存储空间。程序要使用结构体类型数据，必须定义结构体变量。

7.1.2 结构体类型变量

1. 结构体类型变量的定义

定义结构体变量常用以下几种方法。

（1）先定义结构体类型，再定义结构体变量。

前面已经定义了一个结构体类型 struct student，可以用它来定义结构体变量，即：

```
struct student stu1, stu2;
```

变量 stu1、stu2 是两个 struct student 类型变量，包含的成员与 struct student 类型一致，stu1、stu2 都包含 6 个成员。编译时系统会为 stu1、stu2 分配对应的存储空间来存储各自的成员。

（2）定义结构体类型的同时定义结构体变量，例如：

```
struct student
{
    int num;
    char name[20];
    char sex;
    int age;
    float score;
    char add[40];
}stu1, stu2;
```

这种方法在定义结构体类型的同时定义了结构体变量，一般形式为：

```
struct 结构体类型名
{
    数据类型 1  成员名 1;
    数据类型 2  成员名 2;
    …
    数据类型 n  成员名 n;
}变量名 1, 变量名 2, …, 变量名 n;
```

这里表示定义了 n 个结构体变量。如果后续还需要用到这个类型的其它变量，可以使用如下程序：

```
struct 结构体类型名 变量名;
```

继续定义结构体变量。

（3）直接定义结构体变量，例如：

```
struct
{
    int num;
    char name[20];
    char sex;
    int age;
    float score;
    char add[40];
}stu1, stu2;
```

这种方法在定义结构体时不出现结构体类型名，直接定义结构体变量，形式上简单一些，后续无法再定义这个类型的其它变量。

关于结构体需要注意：结构体类型和结构体变量是不同的概念，不要混为一谈。一般先定义结构体类型再定义这个类型的结构体变量。编译时，程序不向结构体类型分配内存单元，但会给结构体变量分配内存单元。结构体变量可以进行赋值、运算，结构体类型不能进行赋值、运算。

结构体的成员可以是一个结构体类型。

例如：

```
struct data
{
    int year;
    int month;
    int day;
};
struct student
{
    int num;
    char name[20];
    char sex;
    struct data birthday;
    float score;
    char add[40];
}stu1, stu2;
```

这里先定义了一个结构体类型——struct data，它包含 3 个成员 year、month、day，分别代表年、月、日。后面又定义了一个结构体类型——struct student，它包含 6 个成员，其中 birthday 属于 struct data 类型，结构体类型与基本类型一样可以成为成员的数据类型。

2. 结构体类型变量的初始化

定义了结构体变量之后，可以对其初始化。结构体变量的初始化不是一个简单的整数或者浮点数，而是一组各种类型数据组成的集合，需要按结构体成员位置顺序赋值。

例如：

```
    struct student
    {
        char num[10];
        char name[20];
        char sex;
        int age;
        float score;
        char add[40];
    }stu1={"202203001","zhangsan",'M',18,521.0,"zhufeng street"},
    stu2={"202203002","lisi",'F',18,516.0,"zhufeng street"};
```

结构体变量 stu1 中 num 赋值为"202203001"，name 赋值为"zhangsan"，sex 赋值为'M'，age 赋值为 18，score 赋值为 521.0，add 赋值为"zhufeng street"。

结构体变量初始化也可以写成如下形式：

```
    struct student sut3={"202203003","wangwu",'M',19,511.0,"zhufeng street"};
```

3. 结构体类型变量的使用

1）结构体变量的引用

对结构体变量的引用主要是对结构体变量成员的引用，在 C 语言中，使用成员运算符"."引用结构体变量的成员。

一般形式为：

　　结构体变量名 . 成员名

以前面定义的结构体变量 stu1 为例，stu1.num 表示学号，stu1.name 表示姓名，stu1.sex 表示性别，stu1.age 表示年龄，stu1.score 表示分数，stu1.add 表示地址。结构体变量的成员引用可以像普通变量一样进行赋值、运算等，例如：

```
    stu1.num="202203004";
    stu1.name="liming";
    stu1.sex='M';
    stu1.age=19;
    stu1.score=508.0;
    stu1.add="zhufeng street";
```

如果结构体变量的成员也是结构体类型，则继续使用成员运算符引用成员的结构体变量。例如：

```
    stu1.birthday.year=2004;
    stu1.birthday.month=09;
    stu1.birthday.day=16;
```

2）结构体变量的输入与输出

C 语言中不允许将结构体变量作为一个整体进行输入和输出，只能按照成员变量进行输入和输出。例如：

```
    struct student
    {
        char num[10];
        char name[20];
```

```
        char sex;
        int age;
        float score;
        char add[40];
    }stu1={"202203001","zhangsan",'M',18,521.0,"zhufeng street"};
```
如果用
```
    printf("%s,%s,%c,%d,%f,%s",stu1);
```
能不能正确输出变量 stu1 的信息呢？答案是否定的。

第一个成员按%s输出第一个字符串遇到'\0'结束，第二个成员按%s从 num 字符数组'\0'的下一位开始输出，这样就造成了输出混乱，所以不能以结构体变量整体进行输出。同样，输入也不能以结构体变量整体进行输入。

如果想输出 stu1 的信息，可以使用如下语句：
```
    printf("%s,%s,%c,%d,%f,%s",stu1.num,stu1.name,stu1.sex,stu1.age,
        stu1.score,stu1.add);
```
即要按变量成员的数据类型依次输出。

如果想输入 stu1 的信息，可以使用语句：
```
    printf("%s,%s,%c,%d,%f,%s",stu1.num,stu1.name,&stu1.sex,&stu1.age,
        &stu1.score,stu1.add);
```
即要按变量成员的数据类型依次输入。

由于成员 num、name、add 是字符数组，用来存放字符串，所以输入的格式为 stu1.num、stu1.name、stu1.add，而不能写成 &stu1.num、&stu1.name、&stu1.add。

【例 7.1】 结构体变量赋值并输出。
```
    #include<stdio.h>
    struct student          /*定义结构体类型*/
    {
        char num[10];
        char name[20];
        char sex;
        int age;
        float score;
        char add[40];
    }stu1={"202203001","zhangsan",'M',18,521.0,"zhufeng street"};
                            /*定义结构体变量 stu1 并赋值*/
    void main()
    {
        printf("学生 stu1 的信息为：\n");
        printf("%s,%s,%c,%d,%.2f,%s",stu1.num,stu1.name,stu1.sex,stu1.age,
            stu1.score,stu1.add);
        printf("\n");
        struct student stu2;         /*定义结构体变量 stu2*/
        printf("请输入学生 stu2 的信息：\n");
        scanf("%s %s %c %d %f %s",stu2.num,stu2.name,&stu2.sex,&stu2.age,
```

```
                    & stu2. score, stu2. add);
        printf("学生 stu2 的信息为：\n");
        printf("%s, %s, %c, %d, %.2f, %s", stu2. num, stu2. name, stu2. sex, stu2. age,
            stu2. score, stu2. add);
    }
```

程序运行结果如图 7.1 所示。

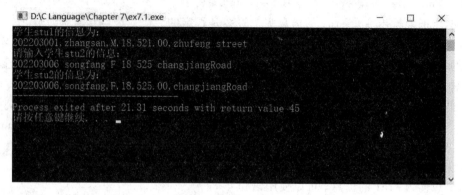

图 7.1　结构体变量示例运行结果显示

7.2　结 构 体 数 组

一个结构体变量可以存放一个学生的信息，如果一个班级 30 个学生的信息都需要处理，就需要定义 30 个结构体变量，显然很不方便。结合数组的相关知识，可以定义结构体类型的数组来处理这个班级的信息。

7.2.1　结构体类型数组的定义

定义结构体数组的方法和定义普通数组的方式类似，也需要指定数组名和元素个数，区别在于要先定义结构体类型。例如：

```
    struct student
    {
        char num[10];
        char name[20];
        char sex;
        int age;
        float score;
        char add[40];
    } stu[30];
```

这里定义了结构体数组 stu[30]，数组中有 30 个元素，每个元素都为结构体 struct student 类型，这个数组可以用来表示班级中 30 个学生的信息。

结构体数组的存储方式和普通数组一样，采用顺序存储，利用下标访问数组的元素。

7.2.2　结构体类型数组的初始化

对结构体数组元素进行初始化，每个数组元素的数据分别用花括号括起来。例如：

```
struct student
{
    char num[10];
    char name[20];
    char sex;
    int age;
    float score;
    char add[40];
}stu[3]={{"202203001", "zhangsan", 'M', 18, 521.0, "zhufeng street"},
        {"202203002", "lisi", 'F', 18, 516.0, "zhufeng street"},
        {"202203003", "wangwu", 'M', 19, 511.0, "zhufeng street"}};
```

编译时，第一个花括号中的数据将赋值给数组的第一个元素 stu[0]，第二个花括号内的数据赋值给第二个元素 stu[1]，第三个花括号内的数据赋值给第三个元素 stu[2]。如果结构体数组未赋初值，则系统将对数值型成员赋值为 0，对字符型成员赋值为空串"\0"。

7.2.3　结构体类型数组的使用

1. 引用结构体数组元素的成员

引用结构体数组元素的成员一般形式如下：

结构体数组名[下标].结构体成员名

例如：

stu[0].age

该程序引用结构体数组 stu[3]中第一个数据元素的成员 age，也就是第一个学生的年龄。

2. 结构体数组元素的赋值

可以将一个结构体数组元素赋值给相同结构体类型数组中的另一个元素，也可以赋值给相同结构体类型的结构体变量。

例如：

struct student stu[30], student1;

该程序定义了一个结构体数组 stu[30]和结构体变量 student1。下列赋值语句也是正确的：

stu[0]=student1;

stu[5]=stu[0];

student1=stu[10];

3. 结构体数组元素的输入和输出

不能把结构体数组作为一个整体进行输入/输出，只能以每个数组元素的单个成员对象进行输入/输出。

例如：

scanf("%d"，&.stu[0].age);

printf("%s"，stu[1].name);

【例7.2】 输出结构体数组各元素。

```
#include<stdio.h>
struct student                    /*定义结构体类型*/
{
    char num[10];
    char name[20];
    char sex;
    int age;
    float score;
    char add[40];
}stu[3]={{"202203001", "zhangjun", 'M', 18, 85.0, "Beijing"},
         {"202203002", "wanghan", 'F', 19, 79.0, "Shanghai"},
         {"202203003", "liwei", 'M', 20, 92.0, "Wuhan"}};
void main()
{
    int i;
    for(i=0; i<3; i++)
    {
        printf("%10s%10s%3c%4d%5.1f%15s\n",
        stu[i].num, stu[i].name, stu[i].sex, stu[i].age, stu[i].score, stu[i].add);
    }
}
```

程序运行结果如图7.2所示。

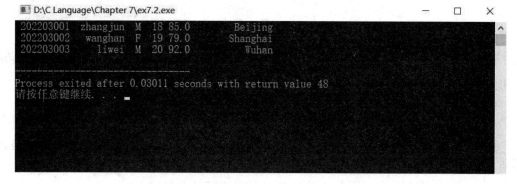

图7.2 结构体数组示例运行结果显示

7.3 指向结构体的指针

指针变量不仅可以指向基本数据类型，还可以指向结构体类型变量。当指针变量指向一个结构体变量时，其值为结构体变量的首地址。指针变量也可以用来指向结构体数组中的元素。

7.3.1 指向结构体变量的指针

定义指向结构体变量的指针的一般形式为：

struct 类型名 ＊指针变量名；

例如：

```
struct student * p;          /* 定义了一个结构体指针 p */
struct student stu1;         /* 定义了一个结构体变量 stu1 */
p=&stu1;                     /* 指针 p 指向结构体变量 stu1 */
```

指针 p 指向结构体变量 stu1，可以通过指针 p 间接访问 stu1。通过结构体指针变量引用结构体成员的方法有两种。

（1）指针变量->结构体成员名。

例如：通过指针变量 p 引用 stu1 变量的成员，可以写成 p->age、p->score 等。

（2）（＊指针变量）.结构体成员名。

例如：通过指针变量 p 引用 stu1 变量的成员，可以写成->（＊p).age、（＊p).score等。需要注意，这里的括号不能省略，因为运算符"＊"的优先级低于成员运算符"."。

【例 7.3】 利用指针输出结构体变量的成员值。

```
#include<stdio.h>
struct student                /* 定义结构体类型 */
{
    char num[10];
    char name[20];
    char sex;
    int age;
    float score;
    char add[40];
}stu1={"202203001", "zhangsan", 'M', 18, 85.0, "zhufengstreet"};
void main()
{
    struct student * p;  /* 定义指针变量 p */
    p=&stu1;             /* 指针 p 指向结构体变量 stu1 */
    printf("输出学生 stu1 的信息：\n");
    printf("%10s%10s%3c%4d%5.1f%15s\n",
           p->num, p->name, p->sex, p->age, p->score, p->add);
}
```

程序运行结果如图 7.3 所示。

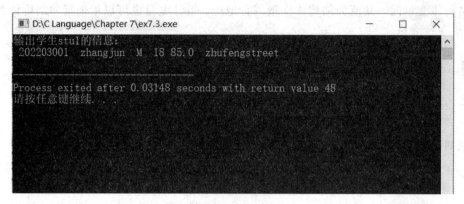

图 7.3 结构体成员示例运行结果显示

7.3.2 指向结构体数组的指针

一个指针变量可以指向结构体数组的元素，即可将该结构体数组元素的地址赋值给指针变量。数组名代表数组的首地址，指针变量指向结构体数组名时，也就指向了结构体数组的第一个元素，如图 7.4 所示。

p →	num[10]	name[20]	sex	age	score	add[40]	stu[0]
p+1 →	num[10]	name[20]	sex	age	score	add[40]	stu[1]
p+2 →	num[10]	name[20]	sex	age	score	add[40]	stu[2]

图 7.4 结构体数组指针

【例 7.4】 利用指针变量输出结构体数组各元素的成员值。

```
#include<stdio.h>
struct student              /*定义结构体类型*/
{
    char num[10];
    char name[20];
    char sex;
    int age;
    float score;
    char add[40];
}stu[3]={{"202203001", "zhangjun", 'M', 18, 85.0, "Beijing"},
        {"202203002", "wanghan", 'F', 19, 79.0, "Shanghai"},
        {"202203003", "liwei", 'M', 20, 92.0, "Wuhan"}};
void main()
{
    struct student  *p;
    p=stu;
    for(; p<stu+3; p++)
    {
        printf("%10s%10s%3c%4d%5.1f%15s\n",
```

```
            p->num, p->name, p->sex, p->age, p->score, p->add);
    }
}
```

程序运行结果如图 7.5 所示。

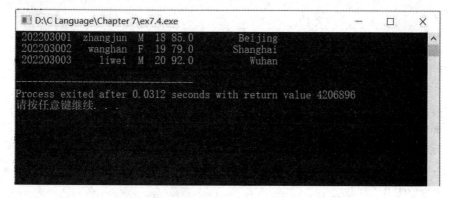

图 7.5　指针与结构体数组示例运行结果显示

7.4　共用体类型

共用体类型与结构体类型相似，都包含不同类型的成员，但二者本质上是不同的。结构体中的各个成员都会分配对应的内存单元，一个结构体变量所占内存单元的总长是各个成员所占字节长度之和。共用体中各成员共用一段内存单元，一个共用体类型变量的长度是其成员中所占内存最长的字节数。

7.4.1　共用体类型的定义

与结构体类似，共用体类型也必须先定义，才能使用。共用体类型定义的形式为：

```
union 共用体类型名
{
    成员列表
};
```

其中，成员列表包含若干成员，成员的一般形式为：

```
数据类型　成员名；
```

其中，union 为共用体的关键字，共用体类型名和成员名要符合标识符的命名规则。

例如：

```
union result
{
    char grade;
    float score;
};
```

这里定义了一个共用体类型 union result，包含两个成员 grade 和 score，这两个成员将占用同一段存储空间，这个存储空间的长度为 float score 的长度。在同一时刻这两个成员只有一个能存储在内存中，即只有一个成员能起作用，学生的成绩可用等级或分数表示。

共用体类型定义后，就可以定义共用体变量表示相关数据。共用体变量定义的方式有3种。

（1）先定义共用体类型，再定义变量。

例如：

```
union result
{
    char grade;
    float score;
};                      /* 定义了共用体类型 union result */
union result stu1, stu2;    /* 定义了两个 union result 类型的变量 stu1, stu2 */
```

（2）定义共用体类型同时定义变量。

例如：

```
union result
{
    char grade;
    float score;
}stu1, stu2;            /* 定义了 union result 类型变量 stu1, stu2 */
```

（3）直接定义共用体类型变量。

例如：

```
union
{
    char grade;
    float score;
}stu1, stu2;            /* 定义了共用体变量 stu1, stu2 */
```

定义后的 stu1、stu2 均为共用体变量，grade 和 score 共用一段存储空间。

7.4.2 共用体变量的使用

共用体变量的使用或者赋值需要通过对变量的成员进行操作，一般形式为：

共用体变量名. 成员名

例如：

```
stu1. grade='A';        /* 学生 stu1 的成绩为 A */
stu2. score=86.0;       /* 学生 stu2 的成绩为 86 */
```

由于共用体变量的成员共用同一段存储空间，所以共用体变量一次只能存放其中一个成员变量的值。

【例 7.5】 利用共用体变量表示学生的期末成绩。

```
#include<stdio.h>
union result
{
    char grade;
    float score;
```

```
    };
    struct student
    {
        char * num;
        char * name;
        union result r;
    }stu1, stu2;
    void main()
    {
        stu1. num="202203001";
        stu1. name="zhangjun";
        stu1. r. score=86;
        stu1. r. grade='B';          /*覆盖了前面的分数赋值,stu1 输出等级*/
        stu2. num="202203002";
        stu2. name="liming";
        stu2. r. grade='C';
        stu2. r. score=78;          /*覆盖了前面的等级赋值,stu2 输出分数*/
        printf("%s %s %c\n", stu1. num, stu1. name, stu1. r. grade);
        printf("%s %s %.2f\n", stu2. num, stu2. name, stu2. r. score);
    }
```

程序运行结果如图 7.6 所示。

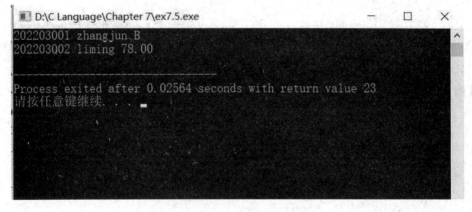

图 7.6 共用体示例运行结果显示

7.5 枚 举 类 型

在实际应用中,有些变量的取值会被限定在特定范围内。例如,一年有 12 个月,月份的合理取值有 12 个;一周有 7 天,星期的合理取值有 7 个。这种变量在 C 语言中可以使用枚举类型来表示。枚举类型的定义中列出了所有可能的取值,枚举类型定义的一般形式为:

    enum 枚举类型名{枚举值列表};

其中,enum 为枚举类型的关键字,枚举值列表中罗列出所有的可取值,这些可取值称为枚举元素。例如：

  enum weekday{Sunday, Monday, Tuesday, Wednesday, Thursday, Friday, Saturday};

  这里定义了一个枚举类型 enum weekday，此枚举类型的变量可取值只有 Sunday、Monday、Tuesday、Wednesday、Thursday、Friday、Saturday 这 7 个。

  与结构体和共用体类似，枚举类型变量的定义也有 3 种。

  (1) 先定义枚举类型，再定义变量。例如：

  enum weekday{Sunday, Monday, Tuesday, Wednesday, Thursday, Friday, Saturday};

   enum weekday w1, w2;

  (2) 定义枚举类型的同时定义变量。例如：

  enum weekday{Sunday, Monday, Tuesday, Wednesday, Thursday, Friday, Saturday}w1, w2;

  (3) 直接定义枚举类型变量。例如：

  enum {Sunday, Monday, Tuesday, Wednesday, Thursday, Friday, Saturday}w1, w2;

枚举类型的变量在赋值和使用的过程中需要注意：

(1) 枚举元素是常量，不是变量，不能改变它们的值。

下列赋值语句都是不合法的，例如：

  Sunday=7;

  Monday=1;

  Sunday=Monday;

  (2) 枚举元素本身由系统定义了一个表示序号的值，从花括号的第一个元素开始顺序定义为 0，1，2，…。

  例如：枚举类型 weekday 中的枚举元素 Sunday 的值为 0，Monday 的值为 1，Tuesday 的值为 2，Wednesday 的值为 3，Thursday 的值为 4，Friday 的值为 5，Saturday 的值为 6。

  (3) 枚举元素不是字符常量，也不是字符串常量。

  【例 7.6】　枚举类型示例。

```c
#include<stdio.h>
void main()
{
    enum weekday{Sunday, Monday, Tuesday, Wednesday, Thursday, Friday, Saturday
    }w1, w2;
    w1=Monday;
    w2=Saturday;
    printf("%d %d\n", w1, w2);
}
```

程序运行结果如图 7.7 所示。

拓展阅读 8

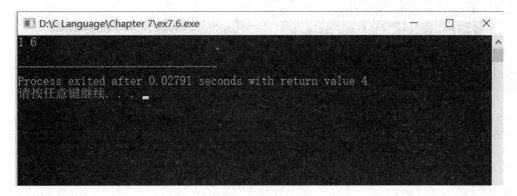

图 7.7　枚举类型示例运行结果显示

【例 7.7】　设计一个员工管理系统，实现存储员工信息模块。

设计思路：员工的信息（工号、姓名、性别、职位、工龄）用单一的数据类型不方便表示，可以定义一个结构体来表示，结构体作为一种复合型数据，可以把不同类型的数据都包含在内。

```c
#include<stdio.h>
struct worker                /*定义结构体类型*/
{
    char num[10];
    char name[20];
    char sex;
    char position[10];
    int workingage;
}person[3]={
            {"2022001", "wangli", 'M', "Manager", 8},
            {"2022002", "wuning", 'M', "Accountant", 4},
            {"2022003", "lixia", 'F', "Secretary", 2}
            };
int main()
{
    struct worker * p;
    p=person;
    for(; p<person+3; p++)
    {
        printf("%10s%10s%3c%15s%4d%\n",
                p->num, p->name, p->sex, p->position, p->workingage);
    }
    return 0;
}
```

程序运行结果如图 7.8 所示。

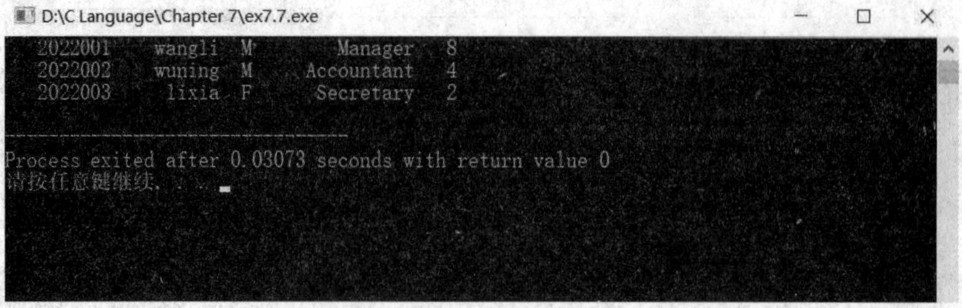

图 7.8　员工信息模块运行结果显示

本 章 小 结

构造数据类型将多种不同数据类型的一组数据组合成一个有机的整体使用，构造数据类型的内存空间分配遵循数据存储类型的语法规则，是用 C 语言处理复杂数据的基础。本章需要掌握的知识点总结如下：

1. 结构体类型

重点掌握结构体类型的定义、初始化、引用方式及其在程序设计中的应用。

2. 共用体类型和枚举类型

掌握共用体类型和枚举类型的定义、初始化、引用方式及其在程序设计中的应用。

习　　题

一、选择题

1. C 语言中结构体类型变量在程序执行期间（　　　）。

　　A. 所有成员一直在内存中　　　　　　　　B. 只有一个成员在内存中

　　C. 部分成员在内存中　　　　　　　　　　D. 没有成员在内存中

2. 定义一个共用体变量时系统分配给它的内存是（　　　）。

　　A. 各成员所需内存之和

　　B. 第一个成员所需的内存长度

　　C. 所有成员中内存长度的最大值

　　D. 最后一个成员所需的内存长度

3. 若有定义：

```
typedef struct
{
    int n;
    char ch[8];
} per;
```

则下列叙述中正确的是（　　　）。

A. per 是结构体变量名　　　　　　　　　　B. per 是结构体类型名

C. typedef struct 是结构体类型　　　　D. struct 是结构体类型名

4. 下列程序的执行结果是（　　）。

```
Void main()
{
    struct date
    {int year, month, day;
    char c; }T1;
    printf("%d", sizeof(T1));
}
```

A. 6　　　　　　　　B. 7　　　　　　　　C. 13　　　　　　　　D. 4

5. 若有以下语句：

```
struct student
{int age; char num[8]; };
struct student stu[3]={{18, "2022001"}, {19, "2022002"}, {20, "2022003"}};
struct student * p=stu;
```

则下列引用结构体变量成员的表达式错误的是（　　）。

A. (p++)->num　　　　　　　　　B. p->num

C. (* p). mum　　　　　　　　　D. stu[3]. age

6. 以下程序的输出结果是（　　）。

```
void main()
{
    union  {int str[2];
            int k; }s1;
        s1. str[0]=2;
        s1. str[1]=3;
        printf("%d\n", s1. k);
}
```

A. 2　　　　　　　　B. 1　　　　　　　　C. 0　　　　　　　　D. 不确定

7. 已知 struct complex{int age; char name[20]; }stu1={18, "Tim"}, stu2; ，则下列赋值语句中错误是（　　）。

A. stu2=stu1;　　　　　　　　　B. stu2={19, "Lily"};

C. stu2. age=stu1. age;　　　　　　D. stu2. name=stu1. name;

8. 下列说法中正确的是（　　）。

A. 定义一个结构体类型时，系统将为此类型分配存储空间

B. 结构体类型变量的成员名可与结构体以外的变量名相同

C. 结构体类型必须有名称

D. 结构体内的成员不可以是结构体变量

9. 下列说法错误的是（　　）。

A. 枚举类型中枚举元素是常量

B. 枚举类型中枚举元素的值都从 0 开始以 1 为步长递增

C. 一个整数不能直接赋值给一个枚举变量

　　D. typedef 可以用来定义新的数据类型

10. 设有以下定义：

```
struct st
{
    int a;
    float b;
}data;
int * p;
```

　　若要使 p 指向 data 中的成员 a，正确的赋值语句是（　　）。

　　A. p＝&a;　　　　　B. p＝data. a;　　　　C. p＝&data. a;　　　D. ＊p＝data. a;

二、填空题

1. "."称为_____运算符，"->"称为_____运算符。

2. 常用的构造类型包括结构体、共用体和_____3 种类型。

3. 共用体类型变量在程序执行期间有_____成员在内存中。

4. 把一些不同类型的数据作为一个整体来处理时，常用_____。

5. 下列程序的输出结果是_____。

```
struct stu{int x, y}s[2]={{1, 10}, {2, 20}};
void main()
{
    struct stu * p=s;
    printf("%d\n", (++p)->x);
}
```

三、判断题

1. 结构体变量每个成员使用独立的存储空间，所以结构体变量的存储空间长度等于所有成员所占用存储空间之和。（　　）

2. 结构体包含若个不同成员，各个成员必须是相同类型。（　　）

3. 枚举元素可以是变量，其值可以改变。（　　）

4. 共用体成员名不能与程序中其它变量同名。（　　）

5. 若有 struct st{int x, float y, char z}example; ，则 example 是结构体类型名。（　　）

四、编程题

有 10 个学生，每个学生的信息包括学号、姓名和三门课程的成绩。要求：

（1）编写一个函数 indata 用于输入 10 个学生的信息（学号、姓名、三门课的成绩）。

（2）编写一个函数 outdata，用于输出 10 个学生的信息（学号、姓名、三门课的成绩）。

（3）计算每个学生的平均成绩，并按平均成绩由小到大进行排序后输出。

第八章 文 件

8.1 文件的基本概念及分类

文件在计算机领域是一个重要的概念，指存储在计算机外设上的一组相关数据的有序集合。数据集合的名称就叫文件名，在系统当中是唯一的，是文件的操作标志。前面各章中涉及的源程序文件、目标文件、可执行文件、库文件等都可以叫做文件。文件通常是保存在外部介质上的，在使用时才调入内存。源文件、目标文件、可执行程序可以称为程序文件，而输入/输出数据可称为数据文件。

C 语言提供了强大的机制支持文件的各类操作。本章重点围绕 ASCII 码文件和二进制码文件进行介绍。

ASCII 码文件也叫文本文件，在磁盘中存放时每个字节存储一个 ASCII 码表示的字符。文本文件是可以直接阅读的，可使用记事本打开，其扩展名为 .txt。

二进制码文件是按内存中二进制的存储形式原样输出到磁盘上来保存的，因此这类文件一般不能使用记事本直接打开阅读其中的内容。

C 语言系统在处理文件时，把文件看成是字节流或二进制流，按字节进行处理。

本章将重点讲解 ANSI C 规定的文件系统及其标准输入/输出函数。

8.2 文件类型指针

在 C 语言的缓冲文件系统中，常用文件类型指针标识文件。所谓文件指针，实际上是指向结构体类型的指针变量，这个结构体中包含文件的信息，例如缓冲区的地址，在缓冲区中当前存取的字符的位置，对文件是"读"还是"写"，是否出错，是否已经遇到文件结束标志等信息。此结构体类型名为 FILE，可以由此类型定义文件指针。

定义文件类型指针变量的一般形式为：

    FILE ∗指针变量标识符；

例如：

    FILE ∗fp；

fp 被定义为指向文件类型的指针变量，称为文件指针。文件指针用于指向某个文件，实际上是指向存放文件缓冲区的地址。在缓冲文件系统中可以进行文件的打开、关闭、读、写、定位等操作。

结构类型名"FILE"必须大写。

一般情况下对文件操作有 3 个步骤：

(1) 打开文件，即在计算机内存中开辟缓冲区，用于存放被打开文件的相关信息。

（2）文件处理，包括读/写、定位等操作。

（3）关闭文件，将缓冲区中的内容写回磁盘，然后释放缓冲区。

8.3　文件的打开与关闭

本节将介绍文件打开与关闭函数。

8.3.1　文件打开函数 fopen( )

fopen()函数用于打开一个文件，其调用的一般形式为：

文件指针名＝fopen(文件名，打开文件方式)

其中，"文件指针名"必须是被说明为 FILE 类型的指针变量，"文件名"是被打开文件的文件名，"打开文件方式"是指文件的类型和操作要求。"文件名"通常为字符串常量或字符串数组。例如：

FILE ＊fp；

fp＝("C：\\myfile. txt"，"wt")；

其意义是在 C 盘根目录下只写打开或建立一个文本文件 myfile，只允许写数据操作，并使文件指针 fp 指向该文件。文件名字符串中两个反斜线"\\"中的第一个表示转义字符，第二个表示根目录。

打开文件的方式有 12 种，如表 8.1 所示。

表 8.1　文件打开方式及含义

打开方式	文件类型	含　　义
r	文本文件	只读打开一个文本文件，只允许读数据
w	文本文件	只写打开或建立一个文本文件，只允许写数据
a	文本文件	追加打开一个文本文件，并在文件末尾写数据
r＋	文本文件	读/写打开一个文本文件，允许读和写
w＋	文本文件	读/写打开或建立一个文本文件，允许读和写
a＋	文本文件	读/写打开一个文本文件，允许读，或在文件末尾追加数据
rb	二进制文件	只读打开一个二进制文件，只允许读数据
wb	二进制文件	只写打开或建立一个二进制文件，只允许写数据
ab	二进制文件	追加打开一个二进制文件，并在文件末尾写数据
rb＋	二进制文件	读/写打开一个二进制文件，允许读和写
wb＋	二进制文件	读/写打开或建立一个二进制文件，允许读和写
ab＋	二进制文件	读/写打开一个二进制文件，允许读，或在文件末尾追加数据

对于文件打开方式有以下说明：

（1）打开一个文件时只有"r"没有"＋"，则该文件必须已经存在，且只能从该文件读取数据。

（2）用"w"打开的文件只能向该文件写入。若打开的文件不存在，则以指定的文件名建立新文件；若打开的文件已经存在，则将该文件删除，再重建立一个同名新文件。

（3）用"a"方式打开文件才能向文件追加新的信息，但此时该文件必须是已经存在的，否则将会报错。

（4）在打开一个文件时，如果出错，则 fopen() 将返回一个空指针值 NULL。程序可以用这一信息来判断是否按给定的打开方式打开了文件，然后再做相应处理。

常用打开文件的程序框架如下：

```
if((fp=fopen("c：\\myfile"，"r")==NULL)
{
        printf("文件未正确打开!");
        exit(0);
}
```

这段程序的意义是，如果 fopen() 函数返回空指针，则表示不能打开指定的文件，而实际上是指定的文件不存在。这也说明"r"打开方式是试图"只读"打开一个文本文件然后读数据，而不能新建文件。最后再执行 exit(0) 关闭所有文件。

对于文件打开方式还有以下几点需要注意：

（1）把文本文件读入内存时，要将各字符的 ASCII 码转成二进制码；而把文件以文本方式写入磁盘时，也要把二进制码再转换成 ASCII 码，显然文本文件读/写要花费较多的转换时间，而对二进制文件的读/写则不需要这种转换。

（2）程序开始运行时，系统自动打开标准输入（键盘）、标准输出（显示器）、标准出错输出（出错信息）3 个文件，它们分别对应 3 个文件指针 stdin、stdout 和 stderr，这个过程不需要程序员干预，可直接使用。

8.3.2　文件关闭函数 fclose()

文件一旦使用完毕，要用关闭文件函数 fclose() 把文件关闭，以避免文件的数据丢失等情况发生。

fclose() 函数调用的一般形式为：

```
fclose(文件指针);
```

例如：

```
fclose(fp);
```

正常完成关闭文件操作时，fclose() 函数返回值为 0；返回非零值表示有错误发生。

【例 8.1】　演示打开和关闭文本文件。

```
#include "stdio. h"
#include "stdlib. h"
int main()
{
    FILE  * fp;
    if((fp=fopen("c：\\myfile. txt"，"w"))==NULL)
        {
        printf("打开文件失败\n");
        exit(0);
```

```
        }
    printf("打开文件成功!");        /*此处可替换为对文件的读/写操作语句*/
    if(fclose(fp)==0)
        printf("\n 成功关闭文件! \n");
    else
        printf("\n 未成功关闭文件! \n");
    system("pause");
    return 0;

}
```

运行结果如图 8.1 所示。

图 8.1　文件打开和关闭程序结果显示

本程序演示了文件打开和关闭的过程。如果文件未成功打开，则打印"打开文件失败"，否则打印"打开文件成功!"。如果文件成功关闭，则打印"关闭文件成功!"。正常情况下，该程序会在 C 盘根目录下以读/写的方式建立 myfile. txt 文件，然后再将其关闭。成功执行后，可打开 Windows 系统的资源管理器查看该文件。

8.4　文件的读/写

文件的读/写是最常用的文件操作。在 C 语言中提供了多种文件读/写的函数，使用之前都要求包含头文件"stdio. h"。

下面分别进行简单介绍。

8.4.1　字符读/写函数 fgetc( )和 fputc( )

1. fgetc( )函数

fgetc()函数的功能是从文件中读取多个字符，一般形式为：

```
    fgetc(文件指针);
```

例如：

```
    char ch;
    ch=fgetc(fp);
```

表示从文件 fp 中读取多个字符，赋给变量 ch，而 fp 的位置指针向前移动到下一个字符。

2. fputc( )函数

fputc()函数的功能是将多个字符写到文件中，一般形式为：

```
    fputc(字符数据,文件指针);
```

例如：

```
    char c='a';
```

fput(c, fp); / * 其中 fp 是已经正确打开的可写文件的指针 * /
该语句将变量 c 的值写入 fp 所指向的文件中。

【例 8.2】 演示向打开的文本文件中写入或读取一个字符。

```c
# include "stdio. h"
# include "stdlib. h"
int main()
{
    FILE  * fp;
    char ch='a';
    char ch1='b';                /* ch1 初始值设置为'b' */
    if((fp=fopen("c: \myfile. txt", "w+"))==NULL)
    {
        printf("打开文件失败! \n");
        exit(0);
    }

      printf("打开文件成功! \n");
    fputc(ch, fp);
    rewind(fp);    /* 将文件指针重新指向文件开头 */
    printf("ch1 初始值为: %c\n", ch1);
    ch1=fgetc(fp);
    printf("ch1 现在的值为: %c\n", ch1);

    if(fclose(fp)==0)
        printf("关闭文件成功! \n");
    else
        printf("关闭文件失败! \n");
    system("pause");
    return 0;
}
```

运行结果如图 8.2 所示。

图 8.2　fgetc()和 fputc()函数运行结果显示

该程序使用读/写方式打开文件 myfile. txt，然后使用 fputc()函数将 ch 的值'a'写入打开的文件中，然后使用定位函数 rewind()将文件指针移动到文件开头位置，这样才能使用 fgetc()函数将'a'读取出来并赋值给 ch1，并覆盖其初始值'b'。

8.4.2　字符串读/写函数 fgets( )和 fputs( )

（1）fgets( )的功能是从文件中读取字符串，一般形式为：

　　fgets(字符串起始地址，字符数量，文件指针)；

（2）fputs( )的功能是向指定文件输出字符串，一般形式为：

　　fputs(字符串，文件指针)；

【例 8.3】　演示向打开的文本文件中写入或读取字符串。

```c
#include "stdio.h"
#include "stdlib.h"
int main()
{
    FILE *fp;
    char ch[]="hello world";
    char ch1[30]="abcdefg";
    if((fp=fopen("c:\\myfile.txt","w+"))==NULL)
    {
        printf("打开文件失败！\n");
        exit(0);
    }

    printf("打开文件成功！\n");
    fputs(ch,fp);
    rewind(fp);        /*将文件指针重新指向文件开头*/
    printf("ch1 初始值为：%s\n",ch1);
    fgets(ch1,4,fp); /*从文件中取 4-1=3 个字符，留一个字节存放'\0'*/
    printf("ch1 现在的值为：%s\n",ch1);

    if(fclose(fp)==0)
        printf("关闭文件成功！\n");
    else
        printf("关闭文件失败！\n");
    system("pause");
    return 0;
}
```

运行结果如图 8.3 所示。

图 8.3　fgets( )和 fputs( )程序运行结果显示

　　该程序使用与例 8.2 相同的文件打开方式，在文件正确打开后将字符串"hello world"
存放到文件中，然后使用 rewind()函数将文件指针移到开头位置，使用 fgets()函数取长度
为 4(第 4 个位置存放'\0')的字符串"hel"赋值给 ch1 数组，然后输出到屏幕。

8.4.3　数据块读/写函数 fread( )和 fwrite( )

1. fread( )函数

fread()函数的功能是从文件中读取数据块，一般形式为：

```
fread(buffer, size, count, fp);
```

关于 fread()函数的几点说明：

（1）fp 是文件指针；buffer 是一个指针，用来存放输出数据块的地址；size 表示数据块
的字节数；count 表示要读取的数据块的个数。

（2）fread()函数的功能是从 fp 所指向文件的当前位置开始，一次读取 size 个字节，重
复 count 次，并将读取的数据存放到从 buffer 开始的内存中；同时，将位置指针向前移动
size * count 个字节。

（3）如果调用 fread()函数成功，则函数返回值等于 count。

2. fwrite( )函数

fwrite()函数的功能是向文件写数据块，其调用的一般形式为：

```
fwrite(buffer, size, count, fp);
```

关于 fwrite()函数的几点说明：

（1）fp 是文件指针；buffer 是一个指针，用于存放将要写入数据块的地址；size 表示一
个数据块的字节数；count 表示要写入的数据块的个数。

（2）fwrite()函数的功能是从 buffer 指定的地址开始，一次输出 size 个字节，重复
count 次，并将输出的数据存放到 fp 所指向的文件中；同时，将位置指针向前移动 size *
count 个字节。

（3）如果调用 fwrite()函数成功，则函数返回值等于 count。

【例 8.4】　演示向打开的文本文件中写入或读取若干数据块。

```c
#include "stdio. h"
#include "stdlib. h"
int main()
{
    FILE  * fp;
    char ch[]="Hello everyone, how are you?";
    char ch1[30]="1234567890";
    if((fp=fopen("c:\\myfile. txt", "w+"))==NULL)
     {
        printf("打开文件失败! \n");
        exit(0);
     }

    printf("打开文件成功! \n");
```

```
    fwrite(ch,5,3,fp);        /* 从 ch 字符串中取 3 * 5＝15 个字符的数据存入 fp 中 */
    rewind(fp);               /* 将文件指针重新指向文件开头 */
    printf("ch1 初始值为：%s\n",ch1);
    fread(ch1,4,2,fp);        /* 从 fp 中取 2 * 4＝8 个字符的数据存入 ch1 字符数组中 */
    printf("ch1 现在的值为：%s\n",ch1);

    if(fclose(fp)==0)
        printf("关闭文件成功！\n");
    else
        printf("关闭文件失败！\n");
    system("pause");
    return 0;
}
```

运行结果如图 8.4 所示。

图 8.4　fread()和 fwrite()程序运行结果显示

该程序使用 fwrite(ch，5，3，fp)；函数从 ch 字符串中取 3×5＝15 个字符的数据（即"Hello everyone,")存入 fp 中，使用 rewind(fp)函数将文件指针返回开头，然后调用 fread(ch1，4，2，fp)；函数从 fp 中选取 2×4＝8 个字符的数据存入 ch1 字符数组中。需要特别注意的是，fread()函数只是将取出的 8 个字符存储到 ch1[]数组的前 8 个位置上，不会自动添加'\0'，因此在打印 ch1 字符串时，不只打印前 8 个字符，而是碰到第一个'\0'会停止字符串输出。例如，上面的程序会在屏幕中显示：

ch1 现在的值为：Hello ev90

8.4.4　格式化读/写函数 fscanf()和 fprintf()

1. fscanf()函数

fscanf()函数只能从文本文件中按格式输出。

fscanf()函数和 scanf()函数相似，其输出的对象是磁盘上文本文件中的数据，而不是键盘的输入数据。

fscanf()函数的调用形式如下：

fscanf(文件指针，格式控制字符串，输出项表)；　/* 参考 scanf()函数 */
fscanf(fp, "%d%d", &a, &b)；

2. fprintf()函数

fprintf()函数只能向文本文件中输出数据。

fprintf()函数和 printf()函数相似，只是输出的内容将按指定格式存放到磁盘的文本文件中，而不是屏幕上。

fprintf()函数的调用形式如下：

  fprintf(文件指针，格式控制字符串，输出项表)；/ * 参考 printf()函数 * /

  fprintf(fp, "%d %d", x, y)；　　　　　　　/ * fp 为以写入的方式正确打开的文件指针 * /

【例 8.5】 演示按指定格式向打开的文本文件中写入或读取一个字符。

```c
# include "stdio. h"
# include "stdlib. h"
int main()
{
    FILE * fp;
    char ch='x';
    char ch1='a';
    if ((fp=fopen("c：\\myfile. txt", "w+"))==NULL)
      {
        printf("打开文件失败！\n");
        exit(0);
      }
    printf("打开文件成功！\n");
    fprintf(fp, "%c", ch);          / * 向打开的文件中输出 ch 中的值'x' * /
    rewind(fp);                     / * 将文件指针重新指向文件开头 * /
    printf("ch1 初始值为：%c\n", ch1);
    fscanf(fp, "%c", &ch1);         / * 从打开的文件中输入一个字符，保存到 ch1 中 * /
                                    / * 与 scanf()用法一样，参数要使用 & 表示地址 * /
    printf("ch1 现在的值为：%c\n", ch1);
    if(fclose(fp)==0)
        printf("关闭文件成功！\n");
    else
        printf("关闭文件失败！\n");
    system("pause");
    return 0;
}
```

运行结果如图 8.5 所示。

图 8.5　fscanf()和 fprintf()程序运行结果显示

  该程序演示了 fprintf()函数向文件中输出字符格式的数据'x'，fscanf()函数从文件中读取字符格式的'x'并保存到 ch1 字符变量中，取代其原始值'a'。

8.5 文 件 的 定 位

常用的 3 个文件定位函数为 rewind()、fseek() 和 ftell()，下面分别进行介绍。

8.5.1 rewind()函数

rewind()函数的调用形式为：

    rewind(fp);

该函数的作用是将文件指针返回文件开头位置，并且在前面的程序中已多次使用，这里不再进行赘述。

8.5.2 fseek()函数

函数 fseek()是文件定位函数，其一般调用形式为：

    fseek(文件类型指针，位置字节数，起始位置)

起始位置有 0、1、2 三个参数可以选择，其中 0 代表文件开始位置，1 代表当前位置，2 代表文件末尾。

该函数多用于二进制文件，但也可以用于文本文件，不过要精确地控制位置量，否则由于文本文件要进行字符转换，会发生一定的错误。

【例 8.6】 演示使用 fseek()函数进行文件定位。

```
#include "stdio.h"
#include "stdlib.h"
int main()
{
    FILE * fp;
    int i;
    char ch;
    if((fp=fopen("c:\\myfile.txt","w+"))==NULL)
      {
        printf("打开文件失败\n");
        exit(0);
      }
     printf("打开文件成功\n");
/* 以下 for 循环用于向打开的文件中输入 26 个小写字母 */
for(i=0;i<26;i++)
{
    ch=i+97;
    fputc(ch,fp);
}
    fseek(fp,1,0);          /* 以文件开头为起点，将 fp 向后移动一个字节位置 */
    ch=fgetc(fp);           /* 获得该位置的一个字符并赋值给 ch */
    printf("%c\n",ch);      /* 打印 ch 存储的字符 */
```

```
        if(fclose(fp)==0)
            printf("关闭文件成功！\n");
        else
            printf("关闭文件失败！\n");
        system("pause");
        return 0;
    }
```
运行结果如图 8.6 所示。

图 8.6　fseek()程序运行结果显示

该程序通过 for 循环向以读/写方式打开的文件中先写入从 a 到 z 的 26 个小写字母，然后调用 fseek(fp,1,0);函数，其中 fp 是文件指针，0 代表以文件开头位置为起始点，1 表示向后移动 1 个字节位置。这样 fp 指针就指向了字符'b'的位置，然后使用函数 fgetc()读取'b'并存入 ch 字符变量，屏幕上就会显示小写字母"b"。因此，在使用 fseek()定位文件指针时，一定要注意指针起始位置和位移字节数的配合。

8.5.3　ftell()函数

ftell()函数的作用是获得文件指针的当前位置，而当前位置用相对于文件开头的字节位移数来表示。

【例 8.7】　演示使用 ftell()函数获取文件当前指针位置。
```
    #include "stdio.h"
    #include "stdlib.h"
    int main()
    {
        FILE  * fp;
        int i;              /* 记录文件指针距离起始位置的字节数 */
        char ch;
        if ((fp=fopen("c:\\myfile.txt", "w+"))==NULL)
          {
            printf("打开文件失败\n");
            exit(0);
          }
        printf("打开文件成功\n");
    i=ftell(fp);            /* 获得当前指针距离开头位置的偏移字节数，赋值给 j */
    printf("刚开始打开文件时，fp 的当前位置距离开头位置的字节数为：%d\n", i);
    ch='a';
    fputc(ch, fp);
```

```
i=ftell(fp);                /*获得当前指针距离开头位置的偏移字节数,赋值给j*/
printf("向文件输入一个字符后,fp的当前位置距离开头位置的字节数为:%d\n", i);
    if(fclose(fp)==0)
        printf("关闭文件成功! \n");
    else
        printf("关闭文件失败! \n");
    system("pause");
    return 0;
}
```

运行结果如图 8.7 所示。

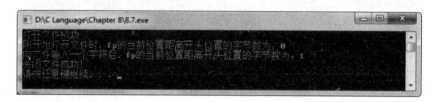

图 8.7　ftell()程序运行结果显示

从 j 第一次打印为 0,第二次打印为 1 的结果来看,在文件刚打开时,fp 指向第 0 个位置,但在把 1 个字母输入到文件以后,fp 指向了距离开头 1 个字节位置的位置。

拓展阅读 9

拓展阅读 10

本 章 小 结

本章介绍了文件的基本概念、C 语言中的文件类型以及 ANSI C 提供的有关文件打开、关闭、读/写操作及文件指针定位的相关函数,并提供了有针对性的程序,便于读者快速入门。

习　　题

一、选择题

1. 系统的标准输入文件是指(　　　)。
    A. 键盘　　　　　　　B. 显示器　　　　　　　C. 内存　　　　　　D. 硬盘
2. 若执行 fopen()函数时发生错误,则函数的返回值是(　　　)。
    A. −1　　　　　　　　B. 0　　　　　　　　　　C. 1　　　　　　　　D. EOF
3. 若要用 fopen()函数打开一个新的二进制文件,该文件要既能读也能写,则文件打开方式字符串应是( )。

A. "ab+" B. "wb+" C. "rb+" D. "ab"

4. fscanf()函数的正确调用形式是( )。

A. fscanf(fp，格式字符串，输出表列)

B. fscanf(格式字符串，输出表列，fp)

C. fscanf(格式字符串，文件指针，输出表列)

D. fscanf(fp，格式字符串，输入表列)

5. fgetc()函数的作用是从指定文件读取一个字符，该文件的打开方式必须是( )。

A. 只写 B. 追加 C. 读或读/写 D. 写入

6. 对文件操作时，函数调用语句 fseek(fp，−5L，1)；的含义是( )。

A. 将文件位置指针移到距离文件开头5个字节处

B. 将文件位置指针从当前位置后退5个字节

C. 将文件位置指针从文件末尾处后退5个字节

D. 将文件位置指针移到距离当前位置5个字节处

7. fread(buf，64，2，fp)的功能是( )。

A. 从 fp 所指向的文件中，读出整数64，并存放在 buf 中

B. 从 fp 所指向的文件中，读出整数64和2，并存放在 buf 中

C. 从 fp 所指向的文件中，读出64个字节的字符，读两次，并存放在 buf 地址中

D. 从 fp 所指向的文件中，读出64个字节的字符，并存放在 buf 中

8. 在执行 fopen()函数时，ferror()函数的初值是( )。

A. TRUE B. −1 C. 1 D. 0

二、填空题

1. 文件是指_____。

2. 根据数据的组织形式，C 语言将文件分为_____和_____两种类型。

3. 要求以读/写方式，打开一个文本文件 txt1，写出语句：_____。

4. 已知文件指针为 fp1，要求将其关闭掉的语句是：_____。

参 考 文 献

[1]　王绪梅. C语言程序设计教程[M]. 2版. 北京：科学出版社，2015.

[2]　赵春晓. C语言程序设计基础[M]. 北京：北京理工大学出版社，2016.

[3]　苏小红. C语言大学实用教程[M]. 2版. 北京：电子工业出版社，2008.

[4]　谭浩强. C程序设计教程[M]. 北京：清华大学出版社，2008.

[5]　杨路明. C语言程序设计教程[M]. 4版. 北京：北京邮电大学出版社，2018.

[6]　程立倩. C语言程序设计案例教程[M]. 北京：中国铁道出版社，2016.

[7]　施荣华，刘卫国. C程序设计与应用[M]. 北京：中国铁道出版社，1999.